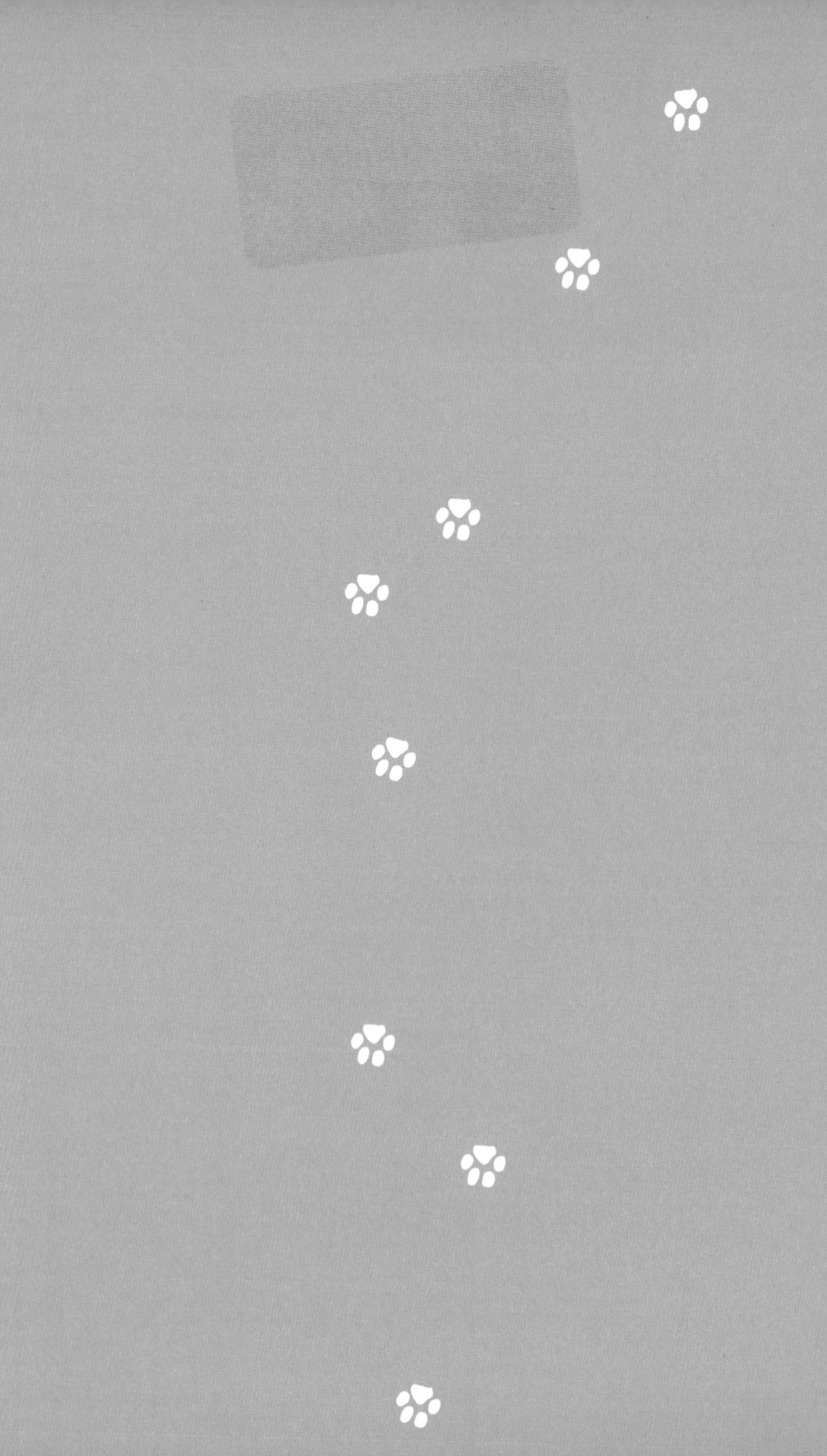

我的愛就是妳們的家

擇食系列愛貓篇

擇食雙喵與愛滋咪咪的山居歲月

\meow~/

邱錦伶——著

Chapter 1.

閒雲野鶴也需要愛的交流

Chapter 2.

我的愛就是妳們的家

Chapter 3.
給寶寶一個好朋友

Chapter 4.

緣份就在門外

Chapter 5.
專家這樣說

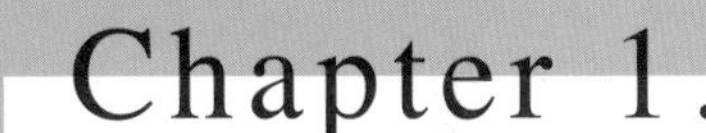

Chapter 1.

閒雲野鶴 也需要愛的交流

很多人問我諮商做得好好的，為什麼要「閉關」休息？有錢也不賺？

我是個覺得生命只要對自己負責、嚮往閒雲野鶴生活的人，從開始做養生諮商以來，有別於一些主動積極與學生互動、隨時關切學生的老師類型；如果學生主動問，我會不厭其煩地回覆，如果學生不問，我也就放牛吃草，因為我覺得這是你的生命、你的身體，你要為自己負責，該講的我在諮商時一定都清楚地講過，如果你有問題可以主動來問我，我不會跟在你後面追問——我深深認為這樣子的方式，我跟學生都比較沒有負擔和壓力，也比較符合我閒雲野鶴的個性。我並不想要有那麼多的人際互動，住在山上，有我的山、有我的雲、我自己就夠了，心境平靜而愉悅，我並不想要跟這個紅塵有過於頻繁的來往。

就這樣一直過了將近 20 年，在這些歲月中，似乎沒有什麼可以真的打擾到我的心，我安於這樣平靜的日子，然後某個機緣之下出了一本《擇食》，成了大家知道的「邱老師」，更在出版社的行銷建議之下，有了擇食的粉絲頁，然後就開始陷入了一場惡夢……

有數不盡的人會寫信給我問著各式各樣的問題、告訴我各式各樣的痛苦，在我來不及消化之時，甚至有人沒有得到想要的回應，就寫信來罵我，這讓我覺得很困擾，甚至覺得悲傷，雖然我也會為他們難過，但我要接收這麼多人的痛苦，我也只是一個人……，我沒有辦法一一去回信，解決和回答所有人的問題，而且他們問的問題之中有超過百分之 90 以上書裡都有答案，他們只是沒有認真看完我的書，就選擇直接問比較方便，這也違背了我出書的目的：就是為了很多沒有辦法找我諮商的人，透過我的書可以自己調整身心，怎麼把臉書的私訊當成了解答問題的管道呢？如果我有那樣的時間和精力去回覆每一個人的問題，我又何必出書？

我曾經看過一個作家在自己的臉書上 PO 一篇文章，他說：「不要認為你買了我的書，我就有義務回答你的問題，那是你的生命，那是你的問題，應該身體力行去做而不是仰賴別人給你解決問題。」這完全講到我心裡。為什麼有人就是不願意為自己的生命負責，而只想要便宜行事？

我開始不快樂，從小就個性孤僻的我從來不是一個想要出名的人，但這突如其來的名氣，讓我陷在一個負面的漩渦裡面……我的能量被消耗、心靈近乎枯竭。所以我亟欲重新調整我的腳步，找回心靈的安靜。

在剛開始閉關的生活中，我的確因為周圍的雜音變少，與人的往來變得單純而覺得舒適，但隨著這樣的生活時間變長，總覺得心中似乎有某種匱乏，我思索著：這明明一直以來是我所嚮往的生活，為什麼心中像是有個小小黑洞無法填補？我對自己的認識是否有誤解？又或者是我變了嗎？

就在這時我看到我妹妹和貓咪展現愛的互動的照片，發現竟然好吸引我，隱約之中我似乎找到了答案，我的內心也有愛想要分享與互動，於是就開啟了我和貓咪一起生活的契機。

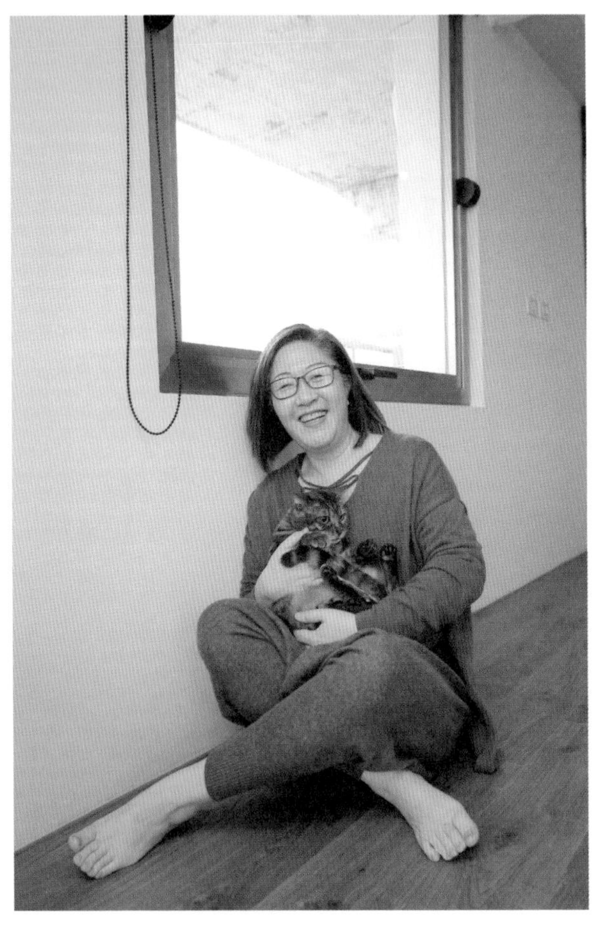

從只想一個人
到三隻貓與我的家

因為我父親喜歡狗，從小家裡就有養狗，最多的時候有 7、8 隻狗，從大型的拳師犬、狼犬到 mini pinscher（迷你貴賓狗）都有養過，所以在我生長的環境中，並沒有機會接觸到貓咪。

直到我 20 幾歲的時候有個好朋友養貓，我常常去她家玩，她的貓叫 Cookie，是一隻非常非常貼心的貓，當時本來做平面設計的我，做得膩了，正想找機會學做別的，我這個朋友是學金工的，就問我要不要跟她學金工？我想這好像也蠻好玩的，於是我幫她打下手，跟她一起學用銅去做飾品。當時她因為晚上擺地攤賣飾品，白天都睡到下午才起床，所以當我早上去她家開始做金工時，她都還在睡覺，Cookie 都會在桌上跟我玩，那是只屬於我們的相處時光，當我偶爾情緒不好的時候，Cookie 似乎都能感覺到，就會想要逗我開心，像是突然在地上打滾，或是一直蹭我等可愛又有趣的種種行為，讓我覺得被療癒了，所以就從那個時期開始，我深深愛上了貓。

但是那個時候我還跟家人住在一起，雖然很想養貓，可父親不喜歡，我也不想讓父親不高興，所以一直只能玩別人家的貓。

到了我 32 歲從家裡搬出來，自己獨立了之後，很多朋友都說：「妳不是一直很喜歡貓嗎？現在自己住了，可以養貓啦！」但那個時期的我卻總是害怕所有需要依附我而生存的生命，所以完全沒有想要養寵物的想法，就像我不結婚、不生小孩，而且我連植物都

CHAPTER 1

不養，因為我是黑手指，種什麼死什麼，實在沒有信心能照顧好依附我的生命。

從 32 歲開始獨居，整整 20 年，我覺得自己一直很享受獨居的生活，但在養了第一隻貓「寶寶」之後，再回顧過去一個人的獨居生活，反而覺得那時候的生命好像一片荒蕪。

認養寶寶的契機是我妹妹開始養貓，我這個從來都沒有養過寵物的妹妹，某一天和女兒說起等過兩年退休後來養貓吧！結果過沒幾天和女兒去逛街，附近正好有貓咪送養會，母女倆就去看，也不知怎麼看著看著，當場就認養了一隻貓，她告訴我後，我第一時間的想法是 —— 怎麼這麼衝動？毫無前兆地就認養了一隻貓？我問她：「妳知不知道貓該怎麼養啊？怎麼什麼都沒準備就認養了？」，但我妹妹一派輕鬆地覺得一邊養一邊學就好啦！

事實上，她也真是養得蠻好的，自從認養了貓咪之後，她常常跟我分享貓咪的照片，還有她的生活如何因為一隻貓而開心和幸福，就這樣讓我動了養貓的念頭。

當時剛好我計畫閉關兩年，之前沒想要養貓是因為我的工作常常不在家，甚至常常往返國內外，也實在不適合養寵物，而既然我打算好好休息兩年，可以專心一意的照顧貓咪，為什麼不呢？我的房子才剛裝修好3、4個月，當時重新裝潢是以我住得舒服為藍圖，但既然我想要養貓，勢必得加強一些安全措施，像是紗窗需要加上安全扣之類的，我就找設計師來討論怎麼加強居住環境的安全。

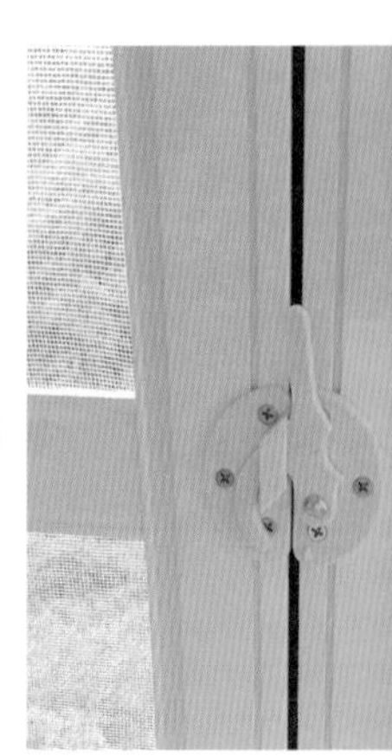

當愛來臨時

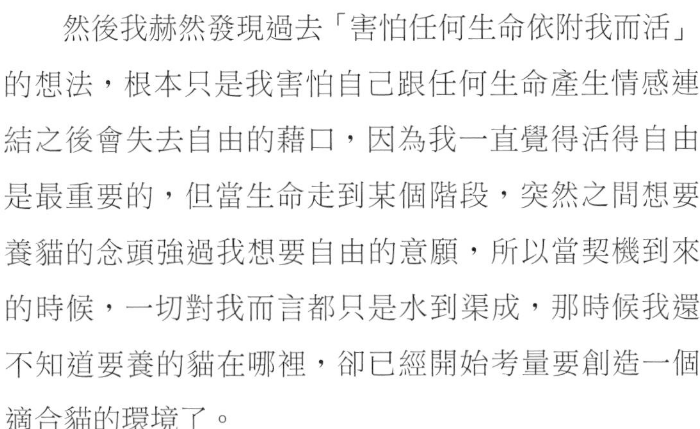

然後我赫然發現過去「害怕任何生命依附我而活」的想法，根本只是我害怕自己跟任何生命產生情感連結之後會失去自由的藉口，因為我一直覺得活得自由是最重要的，但當生命走到某個階段，突然之間想要養貓的念頭強過我想要自由的意願，所以當契機到來的時候，一切對我而言都只是水到渠成，那時候我還不知道要養的貓在哪裡，卻已經開始考量要創造一個適合貓的環境了。

當養貓的念頭越來越強烈時，正好一個朋友私訊給我一張貓的照片，告訴我這是等待認養的貓咪，並把愛媽的資料傳給我，當我第一眼看到「寶寶」的照片時，她楚楚可憐的模樣瞬間觸動了我的心，我渴望能夠好好照顧她、給她愛，就這樣，我與寶寶就正式開啟了彼此的緣分。

Chapter 2.

我的愛就是妳們的家

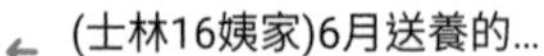

2014 06 11
楊雅筑
貓咪名:彩寶 母 已結紮 (已送出)
打完三合一預防針
個性不算親人
但如果長期間接觸耐心對待
會讓貓咪放下心房的

彩寶是比較特舒的貓咪
之前因為狂拉肚子
經過長期間的調養
目前己穩定

「貓咪名：彩寶／母／已結紮。打完三合一預防針，個性不算親人，但如果長時間接觸、耐心對待，會讓貓咪放下心防的。彩寶是比較特殊的貓咪，之前時常狂拉肚子，經過長期的調養，目前已穩定，但仍維持每天早晚吃燙牛肉。」

2014年6月中旬，一位擇食的朋友轉了這則訊息給我，有一隻豹貓要送養，當時正想領養貓咪，看到照片中瘦弱的貓咪真的很心疼，當下馬上跟「愛媽十六姨」聯繫，我信上是這樣寫的：

十六姨妳好：

朋友傳彩寶送養的消息給我，我之前沒有養過貓，但朋友、家人都有養貓，最近終於把工作安排好，可以從下半年到明年年底把工作量降到最低，我大多時候待在家，可以有比較多的時間照顧牠，為了領養貓，我最近將家裡加強了對貓安全的裝置，紗門外還要再加裝透明壓克力板，希望能給貓咪好的生活環境，我單身、獨居，家裡是開放式空間，附上環境照片，希望能有機會先認識牠！謝謝～

邱小姐

信送出去了，十六姨也很快地回覆我，告知有個送養會即將舉行，我可以去現場看看這隻大病初癒的貓咪。

就這樣，我和我的命定之貓相遇了！

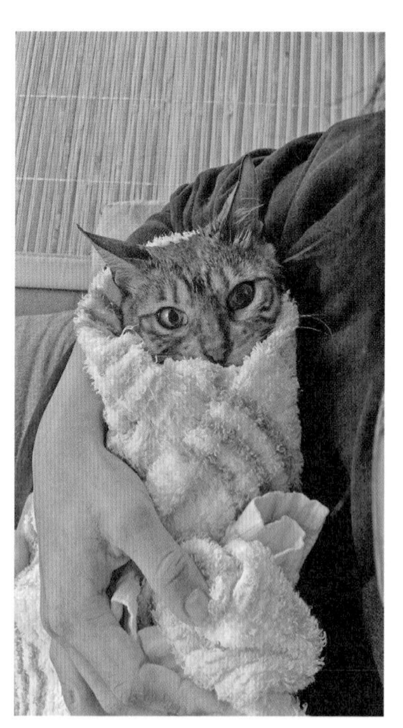

送養會的現場，因現場人聲嘈雜緊張到全身顫抖的瘦弱寶寶，一被我環抱著，便乖順地依偎在我懷裡，看著她在我懷裡慢慢放鬆下來，不再顫抖，甚至倚著我手臂安穩地睡著，我想都不用想，在那瞬間就決定要帶她回家。

十六姨慎重的告訴我，彩寶是一隻因為嚴重腸胃炎腹瀉到脫肛而被繁殖場丟棄，準備要送去處死途中被救出的貓，經過兩個月的調養，狀況剛剛穩定，但是因為身體虛弱，所以飲食上需要特別的調理，她的三餐要吃燙牛肉片，偶爾吃的貓餅乾也必須是專門的處方飼料，後續的醫療費用可能是一筆不小的開銷，要我一定要想清楚，不要一時衝動，到時候覺得不堪負荷又退養，對這種因為病弱而很神經質的貓咪心理會造成很大的創傷。

我告訴十六姨，我也許沒有養貓的經驗，但是我有很多很多的愛，我會認真學習去照顧她，把她當成家人、當成女兒，不離不棄。

6 月底，這隻看似瘦弱溫馴的豹貓正式住進了我家，開始了她跟「擇食媽麻」的山居歲月，更從此成為家裡的霸王！

嗨，我是寶寶，
我有跟媽麻一起
擇食喔！

—寶寶小檔案—

姓名	邱寶寶	
小名	阿寶子、邱小寶	
性別	女	
品種	豹貓	
年齡	6歲	
體重	4.3公斤	
領養時間	2014年6月底	

送養原因
嚴重腸胃炎拉到脫肛，被繁殖場拋棄送去處死途中被愛媽16姨救出，把牠身體調養之後送養。

個性
聰明貼心，時而溫柔時而霸道，身型是全家最小的，但膽子卻是全家最大，常把弟弟和咪咪追得到處亂竄，但也會溫柔地幫弟弟舔舔、洗耳朵，是邱家大姐頭兼管家婆。

serial numbers_CAT1E01U01

SPECIAL APPENDIX

SPECIAL APPENDIX

寶寶的生活小劇場 I

早上起來，吃完早餐，曬曬太陽，曬完太陽以後就去媽麻床上大個便……因為我是撒嬌妹，就算昨天早上大便在茶室的竹蓆上，昨晚尿在媽麻床上，今天早上再去同樣地方便便，媽媽都沒有生氣。

而且她今天早有準備，她在床上鋪滿了塑膠袋，結果我只能大在塑膠袋上，真不好玩～

今天早上媽麻破例讓我進去茶室玩，媽麻說這裡是喝茶品茶、看山看書的地方，叫我要有氣質一點，好吧，我來努力裝小姐看看，可是外面那隻鳥鳥一直挑釁我……吼！媽麻，可不可以把玻璃門打開，讓我出去扁牠？

SPECIAL APPENDIX

PART
3

媽麻說她要出門，要我看家，為什麼為什麼呀？為什麼不是我出門媽麻看家呢？媽麻，要記得買寶寶喜歡吃的肉肉回來喔！寶寶會乖乖看家，我是大貓咪了，我會自己玩……

PART

4

SPECIAL APPENDIX

寶寶跟媽麻雖然沒有睡在一起，但每天早上媽麻起床的第一件事，一定是來摸摸寶寶，跟寶寶玩，有時候寶寶自己醒了，就會乖乖躺著，等媽麻醒來找我玩。

但今天有點小悲劇，睡醒後我和媽媽在茶室玩，我表演翻滾給媽麻看，媽麻一直說寶寶的肚肚好漂亮，我就一直滾一直滾，給媽麻看我漂亮的小肚肚，結果滾到來不及去盆盆裡大便，前一秒還在滾，下一秒翻身起來就直接大在媽麻身邊的木地板上，哇！沒想到媽麻的臉可以一秒鐘變成綠色耶！

媽麻，妳不可以怪寶寶，誰叫妳一直說寶寶的肚肚好漂亮，害我一直滾一直滾，可能這個動作太通腸了！以後誰家的貓咪便秘，媽麻就可以教他家的爸媽說……叫他滾！

媽麻，我夢到失散多年的堂姐了，妳什麼時候要帶我去認親呢？昨晚作夢的時候，花豹堂姐說，在草原上每天巡視地盤，用大便做記號是很正常的事，所以下次我便在家裡哪個角落的時候，妳不要再生氣了！寶寶很孝順，在幫妳鞏固地盤喔

PART
6

秋天的風涼涼的，陽光暖暖的，媽麻的被單洗得白白的，媽麻說，如果寶寶把被單拉下來弄得髒髒的，那寶寶的屁屁就會痛痛的……

寶寶的擇食路
一波三折

剛領養寶寶的時候，就像所有的新手媽媽一樣，買了一堆書回家準備照書養，除了愛媽十六姨交代的要以燙牛肉片為主食、腸胃敏感貓咪專用的處方貓餅乾為點心之外，我也興致勃勃地買了南瓜、木瓜做成泥，準備讓寶寶添加營養，沒想到小姐一點都不領情，只聞一下就決絕地掉頭離去，依然只鍾情牛肉。。

但是，牛肉吃了一年之後，她開始出現厭食的狀

況，總是吃幾口就跑去玩，擔心餓瘦她，以為是同一種牛肉吃膩了，只好不斷更換不同的部位，最後連草飼美國牛、澳洲和牛都端出來孝敬，她小姐就是第一餐圖新鮮口感吃光光，第二餐吃得意興闌珊，第三頓就堅決不吃，害我每天吃她剩下的牛肉都吃到上火了！（哭）

那時就想看來牛肉是吃膩了，乾脆來自製鮮食吧！買了雞胸肉、雞腿肉蒸給她吃，還是不賞臉，那就蒸魚吃吧！但蒸魚吃了兩次就開始拉肚子，逼不得已開始讓她試吃貓罐頭，試了七、八種品牌，終於找到她願意吃的罐罐，等她換吃罐罐穩定之後，開始把她的腸胃敏感處方飼料換成一般的口味，又是幾番折騰才找出她喜歡的口味。

我想應該有很多有心想要為貓咪擇食的朋友都有跟我一樣的經驗吧？滿懷愛意和熱情為小毛球們張羅健康營養的貓食卻發現最後牠們最賞臉的卻是罐罐和乾乾！

後來跟寶寶的獸醫蔡醫師討論過這個問題，蔡醫師說其實很多成貓成年後的飲食習慣都已經固定，很難去改變，尤其某些曾經流浪過被餵食貓餅乾長大的貓，很多都習慣以貓餅乾為主食，我們只能用更多的耐心去慢慢地轉換和調整牠們的飲食習慣，能調一點是一點，所以，大家不要太沮喪嘿～

以前擇食的同學們常問我家裡的小朋友挑嘴不吃飯怎麼辦？我常說餓他三頓就什麼都吃了！現在輪到我當貓媽了，卻一天三餐端著碗拿著湯匙跟在寶寶屁股後頭哄她吃飯，因為貓咪不能餓、餓久了容易脂肪肝呀！

後來某一天，我餵完寶寶正在燙我自己要吃的梅花豬肉時，寶寶居然在腳邊咪咪叫著討食，我就多燙一片餵她，從此只要她聽到我拿鍋子放水，電磁爐打開的嗶嗶聲，就自動跑到冰箱旁邊等我拿肉，不斷地在我腳邊繞來繞去，一邊喵喵叫地催我趕快燙肉片給

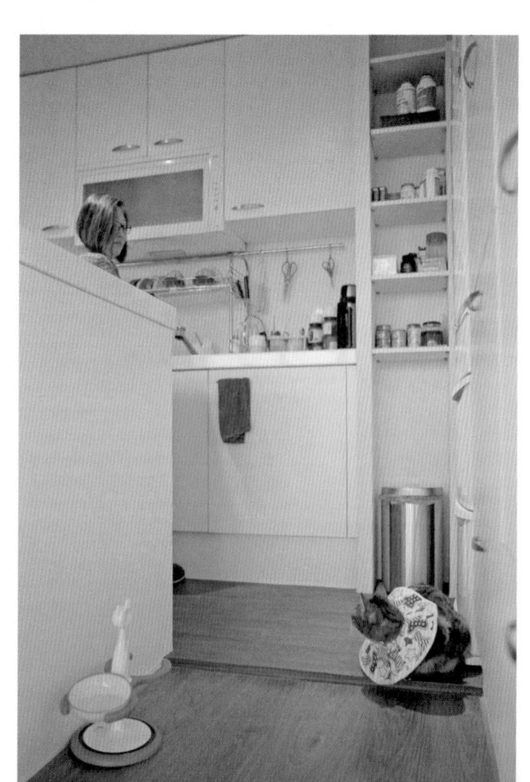

她吃，我也專程請教了寶寶的獸醫師，確定貓咪是可以吃豬肉的，從此寶寶就跟媽麻一起吃擇食豬肉餐了！

關於寶寶的擇食路一路走來，媽麻沒有少花心思，現在最流行的生食，我也買來台灣本地一線品牌生產的生食讓她嚐鮮，挑嘴寶寶倒也不嫌棄，都會吃光光，但是吃了兩個禮拜，從軟便到拉肚子，拉沒兩天開始血便，我緊張死了，趕快聯絡醫生，醫生詳細問了寶寶最近的飲食，然後判斷問題可能出在生食上，建議我先停餵生食。

果然停了兩三天後，寶寶就恢復正常，醫生說像寶寶這種以前得過嚴重腸胃炎的貓，對生食很容易敏感，所以還是不要再吃了吧！但是媽麻不死心，過了半年又再讓她試一次，這次還是很快出現血痢的情況，從此跟生食無緣。

所以有時候我們想要給毛孩們最好的，但也要考慮他們的身體狀況和過往的飲食習性，免得用盡心力貓咪卻不領情，或是直接吃出問題。

如果有朋友想要給家裡的貓咪吃生食或鮮食，有一個部落格「非比樂事」可以分享給大家，上面有很多很棒的資訊，貓媽們可以互相交流。

非比樂事　http://blog.sina.com.tw/3388/

另外還有兩個微信公眾號「萌爪醫生」、「Raw Meat」也推薦給大家，裡面有很多貓咪飲食和照護的專業資訊可以參考喔！

萌爪醫生　WEChat ID：mengzhuariji

Raw Meat　WEChat ID：shenggurou

寶寶帶來的
精彩生活

迎來寶寶之後，觀察她的行為，往往讓我啼笑皆非，但是心中卻覺得無限幸福，從寶寶對我似乎有些不信任，到能在我面前耍賴、淘氣，我們一點一滴地累積起彼此的信任，甚至是彼此的依賴。

說到寶寶的行為，我只能說這是一隻雙重飲食習慣的貓咪，塑膠、不鏽鋼餐具一概拒絕，古樸的陶碗和手工的古董玻璃碗是她的最愛。

如果把她的餅乾碗用小檯子墊高，她就會把餅乾吃得到處都是，如果不墊高直接放地上，她就會一邊吃，一邊用手拉著碗到處走……，可以從餐桌旁一路拉著碗吃到客廳中央，等終於找到她覺得適合的地方，她才會優雅地坐下來進食，一種「我的餐桌、我吃飯的位置由我決定！」的氣勢。

SPECIAL APPENDIX

寶寶的生活小劇場Ⅱ

PART

7

陰冷的雨天，就像我灰暗的內心，我是高塔上的公主，王子王子你在哪裡？你是我生命中的陽光，快來拯救我吧！

那個，媽麻，我的假髮還沒準備好嗎？沒有長髮，王子要怎麼爬上來呀？

媽麻最近一直在煩惱到底要不要幫寶寶買一個睡覺的貓窩，她一直很怕寶寶睡覺太冷會感冒，可是外面賣的貓窩，夏天太熱根本用不著，要收起來又佔地方，結果啊，天才的媽麻用一條毯子跟一件她的舊衣服就搞定了！為什麼需要舊衣服呢？因為寶寶很愛媽麻，沒有媽麻的味道就睡不香呀！

天才媽麻我愛妳！那個，下午的罐罐我要吃鮭魚口味的……

PART 9

媽麻 OS：

我在窗內凝望，陽光在對面的山峰跳躍著，風輕輕的吹著，樹影也隨之搖擺，冬天的暖陽照在身上懶懶的，現世安穩，歲月靜好，作為一隻貓，還有什麼更好的呢？

寶寶 OS：

窗外的那隻小鳥，妳在那邊跳來跳去很囂張喔……要是讓我出去，妳就死定了！

（突然轉頭）媽麻，屋裡好悶，妳幫我開窗好不好？

PART 10

家裡來了一個怪物，會一邊跑一邊嗡嗡叫，媽麻說它叫做圓圓，是來幫寶寶吸地兼掃地的，因為寶寶最近在換毛。媽麻說圓圓是寶寶的助理，所以寶寶現在是有助理的管家婆噢～那個那個圓圓……那裡還有毛，要吸乾淨一點！媽麻放心，寶寶會很認真監工的！

SPECIAL APPENDIX

PART 11

寶寶今天挨罵了！

你們都不要理我，

讓我哭吧……

嗚嗚嗚……

人家只是把餅乾裡我比較不喜歡的挑掉，我都還有把它們排好，媽媽就罵我沒有規矩！媽媽常跟寶寶說要有規矩，因為沒有規矩不成方圓。可是我們家已經有專門負責拖地的方方，還有負責掃地吸地的圓圓，為什麼寶寶還要有規矩呢？明明方圓都有了啊……人類的規矩好難懂，媽麻，妳跟我一起當貓好不好，這樣我們就沒有代溝了～

愛中必須承受之傷

每次有好久沒見的朋友，看到我的手總是很驚訝，為什麼以前白白淨淨的手，現在卻佈滿了傷痕，我總笑著說：「這是愛的傷痕。」傷在手上，甜在心裡，不管這一天是多麼的辛苦、在外面受到什麼委屈、甚至受到什麼樣的傷害……只要回到家，在門口迎接的是寶寶那張寫著一臉思念著我的臉，就能立刻撫慰我。

在家裡，不管我是洗衣煮飯，或是看書冥想，一抬頭總是有一雙專心凝望我的眼神，一個眼神、一聲

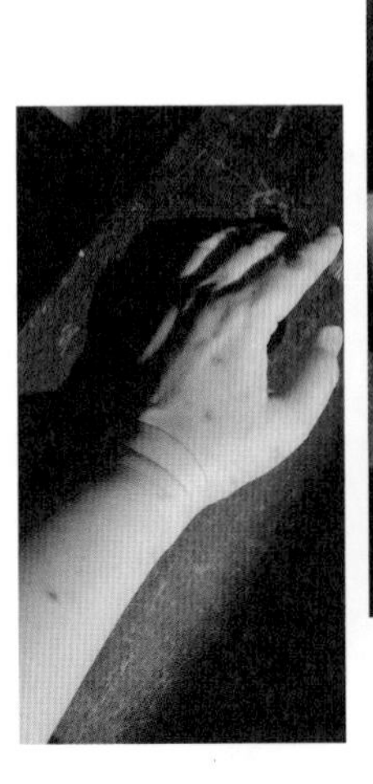

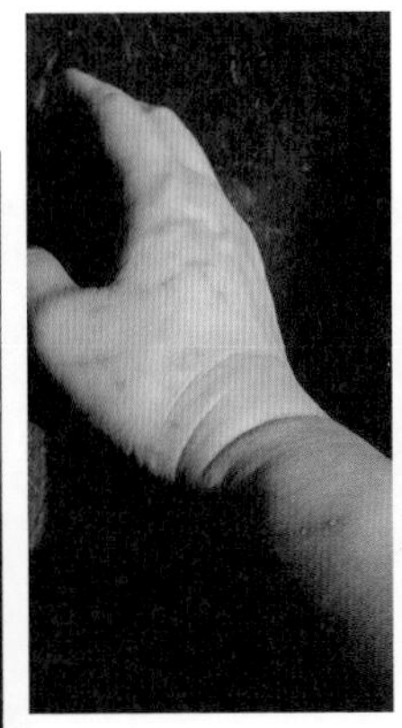

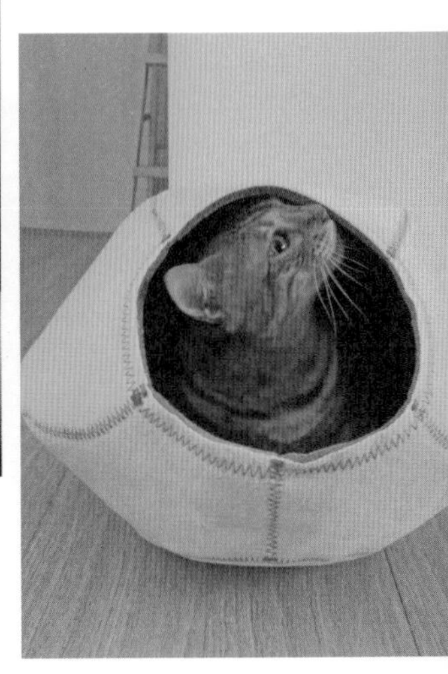

ㄙㄞ ㄋㄞ的聲音……都能讓我心裡充滿感恩。

寶寶，感謝我的生命中有妳，就算外面風風雨雨、紛紛擾擾，我的世界總是還有妳相伴，只要有妳，誰還需要情人呢？哼！

至於手上因為跟妳玩耍留下的傷痕，我知道妳不是故意要抓傷我，只是還無法控制力道，以及玩得太嗨才會造成的，就當作是妳我愛的印記吧！

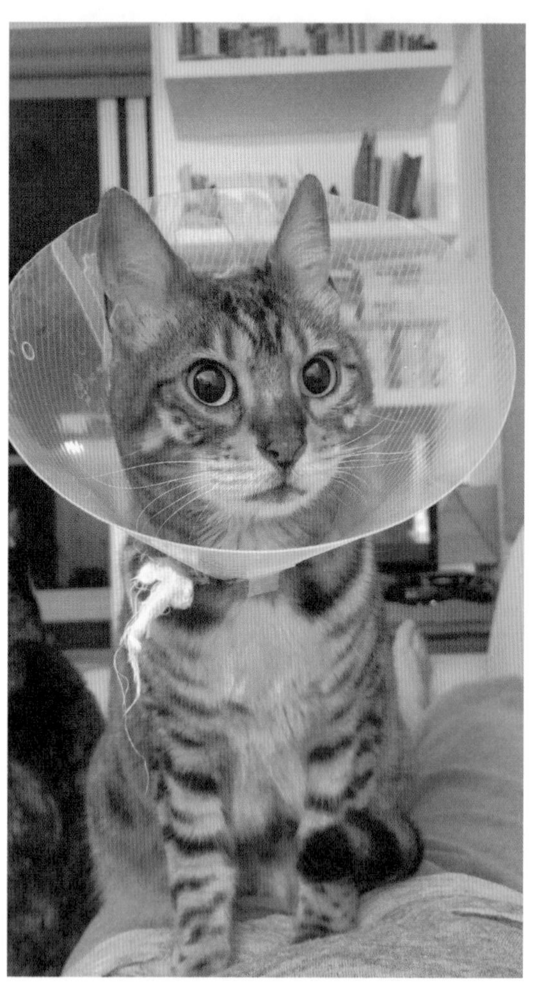

CHAPTER 2

我和媽媽的山居歲月就此展開，每天看著窗外好風景，超愜意的！

SPECIAL APPENDIX

寶寶的生活小劇場Ⅲ

PART 12

媽麻，幸好妳了解我，我絕對不是故意的，就算別人不相信，看我一臉無辜也應該會相信了吧！

PART
13

媽麻的朋友最近當了媽媽，經常在她們的 Line 群組分享新手媽媽的甘苦，前幾天這位阿姨說她的小寶寶不管吃奶或睡覺 24 小時掛在她身上，只要稍微移開就大吐特吐，這位新手媽媽除了當奶瓶和睡墊，完全沒有私人生活……然後阿姨幽幽的說：「還好錦伶養的是寶寶～」

哼哼哼……這位阿姨，這妳就不了解我媽麻過的是怎樣的生活了！每天早上醒來，第一件事情就是要幫寶寶按摩、梳毛、摸摸，至少半小時，等

特輯篇

寶寶覺得夠了開始自己舔毛時，媽媽就要去幫寶寶清貓砂撿黃金，然後去燙牛肉給寶寶吃。

如果媽麻趕時間隨便摸我兩下，沒關係，等等我會在她吃早餐的時候吐給她看！當然寶寶不是小屁孩，不會吐在媽麻身上，我會看心情和不爽程度，吐在媽麻正在吃飯的餐桌上或吐在茶室的墊子上，有時候還會吐在寶寶的專屬沙發上……，總之哪裡難清理我就去吐哪裡，這只是媽麻跟寶寶日常生活的一小部分。

還有還有，如果媽麻連續好幾天都出門的話，我就會算準她要出門的時候吐，讓她趕不上車子，這樣，只好坐下一班車的媽麻就會留下來多陪我一下！以上請做筆記喔！PCPC阿姨，希望寶寶的爆料有安慰到妳，妳應該覺得還好妳養的是妳家的賴寶，不是媽麻家的寶寶，呵呵……我要去撒嬌了～

SPECIAL APPENDIX

PART 14

媽麻不見了！

好幾天的好幾天以前，媽麻告訴寶寶要出去辦事情，等寶寶睡醒醒，媽麻就回來陪寶寶。

但是，媽麻沒有回來，寶寶醒了又睡、睡了又醒好幾次，媽麻沒有回來……只有小玉姐姐來餵寶寶吃肉肉和餅餅，媽麻呢？趕快回來，寶寶不吃肉肉了，妳不要再出去賺錢錢給寶寶買肉肉，寶寶會乖，以後再也不咬媽麻了，寶寶真的會乖……

今天寶寶睡覺覺的時候，媽麻終於回來了！媽麻說因為寶寶不乖，洗澡澡的時候咬媽麻，她受傷住院了，所以換小玉姐姐來照顧寶寶，媽麻還說因為她很想很想寶寶，所以，她還是想辦法跟醫生請假回來看寶寶了！

媽麻對起，媽麻不要走，寶寶真的會乖，媽麻受傷要趕快好，趕快回來陪寶寶……寶寶愛媽麻，媽麻快回家喔～寶寶想你！

PART
15

天哪！媽麻出去旅行好幾天不在家，昨天很晚很晚的時候，媽麻終於回來了！

媽麻妳知道寶寶很想妳嗎？寶寶有乖乖吃小玉姐姐餵我的罐罐和餅餅，因為寶寶知道，如果寶寶乖乖，媽麻就會趕快回來。

媽麻，妳看早上媽麻睡覺的時候寶寶都很乖，雖然肚子餓也沒有吵，因為寶寶知道媽麻累累，很晚回家還要先陪寶寶玩，幫寶寶清便便還有吐吐，還要洗衣服……現在寶寶要睡午覺啦！寶寶想要媽麻一邊看書一邊陪寶寶睡午覺，寶寶要枕著媽麻的手睡覺覺，嘿，連腳也巴住媽麻的手，這樣媽麻就不會又不見了！

我還有一招，霸佔住媽麻的行李箱，媽麻就不能出國去旅行了！哈哈！

SPECIAL APPENDIX

Chapter 3.

給寶寶一個好朋友

弟弟的自我介紹

「大家好！我是媽麻新收養的女兒，我的英文名字叫 Judy，但是媽麻喜歡用我的中文名字招弟來暱稱叫我弟弟，其實我是一個女生喔～你們一定很奇怪為什麼我會有這樣一個菜市仔名呢？

本來我是一隻街頭浪浪，被我之前的愛媽從街上救援回家，愛媽家裡已經養了七、八隻貓，所以本來取名叫罔市，後來改名叫招弟，可是因為愛媽家的老大看我不順眼，常常找我打架，所以當愛媽出國的時

CHAPTER 3

候，全部的貓咪都留在家裡，只有我被送去保姆家寄宿，也因為這樣我認識了跟我住同房的室友豹貓寶寶，那個時候寶寶對我很好喔，她的挑嘴貓專用的香脆餅乾都可以讓我無限暢吃。

雖然我這個招弟真的幫愛媽招來了弟弟（養了我之後愛媽有 baby 了），但是她想讓我有更多的關注和愛，當她聽說寶寶的媽麻為了寶寶想要再領養一隻貓咪陪伴，想收養我的時候，愛媽同意了！就這樣，我變成體型比寶寶大很多的大妹眉，寶寶變成我的小姐姐了～

我是一隻體型很大，長得雄壯威武但有一顆超玻璃少女心的貓，最渴望做的事就是天天膩在媽麻的身旁撒嬌，早上可以跳到床上依偎在媽麻身邊等她醒來，這是我要的幸福！

誰說成貓不是從小養就不貼心不親人，很多街貓因為流浪過，反而更渴望被愛，希望有更多已經在中途之家等待被領養的兄弟姐妹們也可以早日遇到有緣人，被領養回家跟爸媽一起幸福喔～」

構成一個
愛的三角形

我會領養弟弟，的確是因為想給寶寶找一個好朋友，因為許多養貓的朋友都跟我說，就跟小孩一樣，貓咪也需要有跟她一樣的朋友，生活中我總有些事情得出門，想到寶寶沒有伴，總讓我牽腸掛肚，於是就決定再認養一隻貓咪。

弟弟是個心思纖細的女生，其實認養她的時候她叫「招弟」，後來我想就叫她「弟弟（DiDi）」吧！

CHAPTER 3

弟弟是一隻前任愛媽從街上救援回來的浪貓，在愛媽家又被其他貓咪霸凌，她來到我家的時候，警戒心非常重，除了吃和被天真白目的寶寶鬧著玩的時候之外，她就是在角落窩著，不愛動也不知道怎麼玩，可是漸漸地發現她明顯的放鬆了，會跳到我床上神經兮兮的追著自己尾巴繞圈圈，還一邊發出愛嬌的聲音要媽麻看她表演，現在更會在陽光下打滾翻肚了！

弟弟來到我家時，我曾經對她曉以大義，希望她跟寶寶能夠和睦相處，做彼此的好玩伴、好朋友，弟弟應該是聽懂了，因為現在她跟寶寶漸漸形影不離，玩在一起、睡在一起，當然也難免會有擦槍走火打上一場架的時候，不過就算是打架，也是玩耍的成分比較高。

我很慶幸她們兩個小朋友相處融洽，弟弟好像非常知道她有陪伴寶寶的責任，而在我和寶寶兩點一線間往返的愛，成為三點一個三角形的互相交流，似乎讓這個家更充滿愛在流動的能量。

—弟弟小檔案—

姓名	邱招弟	
小名	DiDi、小乖Di	
性別	ㄊ	
品種	三花玳瑁（米克斯）	
年齡	6歲	
體重	5.9公斤	
領養時間	2015年7月初	

送養原因
原是街頭浪浪困在廢棄樓房二樓，餓了幾天後被愛媽所救，因在愛媽家被其他貓咪霸凌，正好在保母家寄宿時跟室友寶寶成為好朋友而被領養。

個性
體型很大卻有顆超玻璃少ㄊ心，貪吃又不愛動，小心眼、愛吃醋又超級愛撒嬌，外表看似溫馴，打起架來勇猛無比。

serial numbers_CAT1E01U01

SPECIAL APPENDIX

SPECIAL APPENDIX

擇食雙貓的生活小劇場 I

PART 1

在秋天的陽光下打滾真的好舒服，媽麻快點來嘛！我們一起曬太陽～

PART
2

寶寶：弟弟，我跟妳說喔……

弟弟：準樣？

寶寶：媽麻的衣櫃忘了上鎖，要不要一起去探險？

弟弟：那我可以跟媽麻說是妳找我去的嗎？

寶寶：哼！抓耙子！今天晚上不要來睡我旁邊……

寶寶：那個……媽麻～弟弟說妳衣櫃忘了關，她要進去裡面玩！

弟弟：???!（喔，被我贓了？……必曲！）

SPECIAL APPENDIX

我的愛就是
妳們的家

TO

我的愛就是
妳們的家

PART 3

（懶洋洋的夏天）

（懶洋洋的早餐時間）

弟弟：我吃不下，沒胃口……媽麻～妳餵我，不然我不吃！

寶寶：妳好樣的，我不過躺著吃飯，妳竟然要媽麻餵飯，夠賤！🐾

雙貓之後生活
並不總是甜美的

我想，只要家裡有養兩隻貓以上的人，一定都碰過一種痛苦的經驗，那就是 ——「貓咪半夜在家開運動會」，一整晚聲音砰砰、碰碰！還時不時沒跳好降落在妳肚子上，或是貓掌從妳臉上巴過⋯⋯種種擾人好眠的干擾還真是不勝枚舉！

當然，我家這兩隻還不至於如此大逆不道，但是半夜妳追我跑的也是夠我受的了！

昨天半夜雙貓開起運動會，啟動夜跑模式，媽麻在床上屢吼不聽，我火大爬起來一手扠腰一手指著茶室，怒喝一聲：「弟弟進去！」

弟弟回頭哀怨的看我一眼，嘴裡低喵，彷彿在說：「為什麼是我進去？」一邊嘀咕著，一邊垂頭默默走進去，然後「砰！」的一聲躺下來，我趕快走過去把紗門拉上，一回頭竟看到寶寶在賊笑！

是啊！為什麼是叫弟弟進去？因為寶寶根本不會鳥我呀！

SPECIAL APPENDIX

擇食雙貓的生活小劇場 II

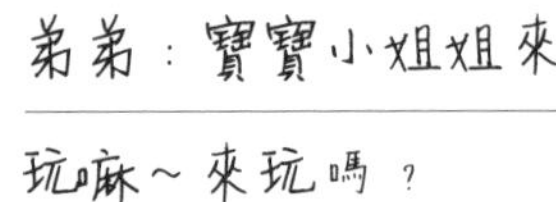

弟弟：寶寶小姐姐來玩嘛～來玩嗎？

寶寶：妳不知道大個子裝可愛很噁嗎？滾遠一點！

弟弟：媽麻，寶寶嫌棄我，不跟我玩！嗚嗚嗚……

PART 5

媽麻剛剛又在演「壞人來了」的爛梗了！

還說壞人說如果不乖乖讓媽麻剪指甲就要把寶寶抓走，臭媽麻，妳以為我不知道壞人就是妳嗎？

不要問我為什麼每次剪完指甲就要一直叫，靠……邊站啦！小姐就是袂爽啦！

有時候扮壞人
也是有必要的

今天是歷史上的一天，我一個人就把雙貓的指甲給剪了！真是大大的成就啊！

其實要剪弟弟的指甲很簡單，她只要一被抱住，就會瞬間石化一動也不動，所以很輕鬆地一下就剪好了。

最難搞的是寶寶，因為豹貓的瞬間爆發力實在太大，根本好難 hold 住她，平常剪寶寶的指甲一定需要兩個人，一個抓抱住她、另一個抓緊時間趕快剪好。可是總不能常常麻煩朋友上山來幫忙，我今天就決定來挑戰自己，單人幫她剪指甲！

首先把她騙進茶室，只要被關起來，她就會開始焦慮，然後我假裝有人來了，跑去按我家電鈴再用力關門，再大叫壞人來了！寶寶果然嚇到不敢動，然後我就很輕鬆地把她撈起來剪指甲了！

剪完趁她驚嚇過度癡呆的時候，趕緊抓在懷裡摸摸抱抱，這位平常傲嬌的寶寶小姐可是不給人抱的呢！（除了去認養她的那一天乖乖讓我抱之外，其他的時候可再也不給抱了）

嘻嘻，今天奸計得逞，以後就可以自己搞定雙貓的剪甲工程了！所以養貓也是有種不斷自我挑戰和突破的大好處呢！

剪完指甲我們相親
相愛，都不會互相
抓痛痛耶！

妳看，我們走路變安靜了！

對呀，沒剪指甲之前，走路的聲音好像穿高跟鞋喔！

SPECIAL APPENDIX
擇食雙貓的生活小劇場Ⅲ

這是姐友妹恭的概念嗎？

弟弟：寶寶，妳是姐姐，讓妳先吃，我沒關係的，真的！我沒關係……我可以等……啊！真的……好餓喔！

寶寶：裝屁啊！這明明是我的碗，為什麼每次都來吃我的？

弟弟：因為別人碗裡都吃起來比較香嘛！（為什麼聽起來很像小三的口吻？）

快！趁寶寶沒注意，趕快
多吃幾口。別人的飯真的
好香好好吃喔！

弟弟：姐姐～姐姐～我想尿尿怎麼辦啊？啊？啊？（因為很急，所以要「啊」三次）

寶寶：誰叫妳要佔好位？衰了吧？我幫不了妳，不過我可以幫妳舔舔，乖……舔一舔就不想尿了喔～來！噓……噓……

弟弟：啊！更想噓噓了，馬的！

SPECIAL APPENDIX

PART 8

古有逐臭之夫，今有逐屁之貓！

媽麻：邱小寶，弟弟的屁有那麼好聞嗎？

寶寶：箇中滋味，不是媽麻能懂的。

PART 9

弟弟：說好今晚輪到我跟媽麻睡，不要以為妳給我舔舔就可以混上床，滾！媽麻今晚是我的……

寶寶：妳好樣的！翅膀硬了，會欺負姐姐了？那個……媽麻，妳要不要跟我去睡茶室？這幾天好熱，睡茶室比較涼喔～

媽麻：原來我是那個被輪的？嗚嗚嗚……（躲在一旁咬被角）

弟弟：跟大家介紹一下，這是媽麻最近幫我們添置的拖鞋床，在這種濕濕冷冷的天，窩在裡面可舒服了！趕快先搶先贏，窩了再說～

寶寶：起來！妳已經睡很久，換我睡啦！不要以為裝死我就拿妳沒輒喔……嘿～看我這招泰山壓頂！

（哈哈！終於把弟弟趕走輪到我了……）

被愛的學習

我不知道弟弟被愛媽從街上救援到被我領養之前，在街上流浪了多久？但領養她半年多，她從剛開始總是想要吃更多，每次開飯總是趕快把自己的罐罐吃完然後去坐在寶寶餐碗旁，等著清菜尾吃寶寶剩下的，好像怎麼吃都吃不夠，結果到現在，居然也會挑嘴挑罐頭了！

也從剛來時的嚴重自我防衛，總是神聖不可侵犯似地，儘管寶寶只是從她身邊走過也會被打，寶寶舔她也會被巴，一直到現在，她會主動去舔寶寶了！

中草药
BenQ

從只會呆呆地看著寶寶跟媽麻玩球，到最近某一天突然自己玩起球來；從只要摸到側腹就會猛烈踹人，到現在只要睡醒就要找媽麻，到媽麻身上踩踩，一邊咬著媽麻的衣服呼嚕像在吸奶——她就這樣日漸卸下防衛，每一個改變，每一次與我及寶寶的互動，我總是流著淚充滿感動。

我們家的弟弟終於學會被愛，終於敢放心享受媽麻對她的愛了！

SPECIAL APPENDIX

擇食雙貓的生活小劇場Ⅳ

弟弟：媽麻媽麻～妳看！我是花傘下的漂亮小美女對不對？我的毛衣是不是跟傘的花色很搭呀？我的花花毛衣是不是比寶寶的豹紋大衣漂亮？

媽麻：弟弟顧影自憐中……寶寶我們先去吃飯吧！

PART 12

寶寶：弟弟這是什麼妳知道嗎？這是媽麻新買的特殊造型貓餅乾！

弟弟：真的嗎？

寶寶：當然是真的，不信我先吃給妳看！嗯～好香喔～又香又好吃～

弟弟：我也要，換我吃了啦！欸……怎麼咬不動？我啃～我啃～我啃啃啃～

寶寶：媽麻快看！有一隻傻貓在啃紙板喔！

弟弟：雪特！又被騙去啃紙板！

SPECIAL APPENDIX

PART
13

寶寶：媽麻～我已經吃完燙肉片了，想來運動一下！那個……核心肌群是這樣鍛鍊的嗎？還是這樣？

（我才不要像弟弟吃完就睡，睡成一隻肥貓呢！）🐾

寶寶：

媽麻說新書沒有第一名，沒有很多版稅可以捐給流浪貓，所以我們家要開源節流，玩具都要自己做。

媽麻把我們梳毛時掉下來的毛像搓湯圓一樣搓成一個球給我玩，好好玩啊！又有我熟悉的味道，可是球太小了！媽麻～那我明天多掉一點毛，球是不是可以再長大一點？

如果寶寶跟弟弟一直這樣很努力掉毛的話，我們到冬天的時候是不是可以有一張新的毯子啊？

媽麻：……

SPECIAL APPENDIX

PART 15

SPECIAL APPENDIX

寶寶：

媽麻，我最近對化妝很感興趣耶。女孩子長大了就要學化妝啊，妳說對不對？

媽麻，妳看我化完煙燻妝了！很酷吧？媽麻～我們去 Party Party 吧！

PART

16

弟弟：

今天的風涼涼的，吹得我眼睛都張不開了，真是睡覺的好天氣啊！

我吃飽了就抱著洋娃娃來睡個回籠覺，噓～鼻要吵我！

真愛無敵

寶寶是被繁殖場拋棄的病貓，弟弟則是從街頭被救援的浪貓，因為一次保母家的寄宿，雙貓當了室友，因此開啟了彼此的緣分。

寶寶有一個非常讓我憐愛的特質，就是她對同類非常的友愛，弟弟剛來的時候在隔離籠隔離，寶寶整晚不睡的在隔離籠外陪著剛到新環境整晚哭哭不睡的弟弟，之後常常路過弟弟身邊就被巴頭，主動幫弟弟舔舔也被打臉，一路走來堅持不懈地用熱臉去貼弟弟

的冷屁股，終於溫熱了打架大王弟弟的心，現在雙貓已經可以手拉手、臉貼臉地一起睡了！再一次證明真愛無敵啊～

SPECIAL APPENDIX

擇食雙貓的生活小劇場V

PART
17

寶寶：妳不理我沒關係，我在旁邊陪妳就滿足了。

弟弟：謝謝寶寶一直照顧我。

寶寶：天哪！皇天不負苦心人，我的真愛終於感動弟弟了！

SPECIAL APPENDIX

PART 18

寶寶：弟弟我可不可以拜託妳一件事情……

弟弟：幹嘛？

寶寶：妳先說好，我再告訴妳。

弟弟：妳先說要幹嘛我再決定好不好……

寶寶：好啦好啦！求求妳啦……

弟弟：……（反應慢，還在想～）

寶寶：不出聲我就當妳答應囉！（撲上去&%#@）

好想種草莓！來……啾一個！

好暖和喔，躺進來就不想出去了耶 ZZZZ（打呼聲）

PART 19

媽麻今天用紙箱和舊衣服做了一個小窩窩，裡面鋪了弟弟的小墊子，趕快進來試躺一下，真的很舒服喔！

可是媽麻說只能讓我們玩兩天，過幾天寒流來了，媽媽就要在裡面鋪上溫暖的舊毛衣，拿去給樓下的浪浪毛小孩避冬了

寶寶：弟弟，是不
是換我躺了啊？

媽麻的巧手 DIY，
很舒服喔！

愛就是要長長久久

弟弟剛開始被領養來這個家的時候，很努力的裝乖，希望能被留下來，所以那時候的她雖然不喜歡被抱，但當媽麻不要臉的強抱她時，她就會露出認命強忍的表情演個 30 秒勉強被抱，然後再掙扎逃走……。

將近一年過去，弟弟有了愛她的媽麻和保護慾強烈、愛幫她舔毛的寶寶小姐姐，現在已經能很自在地睡到腳開開，讓媽麻隨便摸最敏感的小肚肚了！弟弟，不要忘記我們的約定，妳要健健康康的陪媽麻很久很久喔！

SPECIAL APPENDIX

擇食雙貓的生活小劇場Ⅵ

PART 20

媽麻：羞羞臉！睡覺睡到腳開開～

弟弟：不要拍不要拍～再拍我開掌花巴妳喔！

PART 21

土豪Di：我是不知道大家覺得ipad好用在哪裡？我只覺得拿來暖屁股挺好用的。

媽麻：邱小Di！妳給我在水晶缸喝水，用充電的ipad暖屁股，我們家最貴的兩樣東西是讓妳這樣用的嗎？

PART 22

寶寶妳好～我是新來的青青，跟我玩嘛！

寶寶：這傢伙哪來的？媽麻…我們晚上加菜好嗎？我想吃蛇肉！

弟弟：這傢伙綠綠的，會好吃嗎？

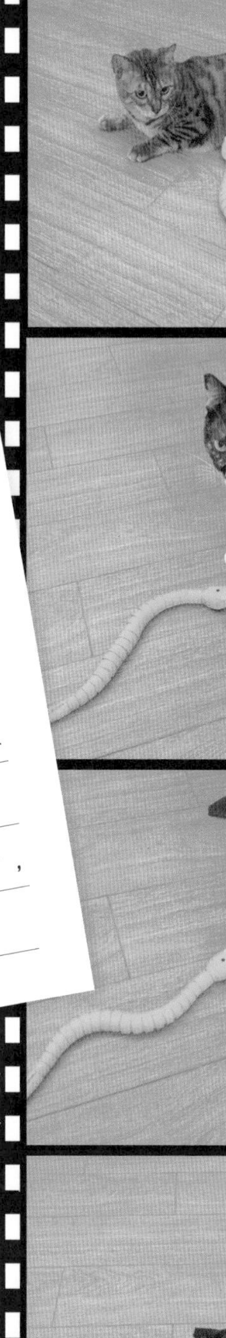

PART
23

「凝視

妳眼裡的小宇宙是我心嚮往之所在」

弟弟：媽麻又在當文青了！

寶寶：妳不要吵啦，妳再吵蟲蟲就飛走啦！

SPECIAL APPENDIX

無預警的學習

弟弟今天又幫我上了一課。

早上起床弄完雙貓的早餐，走進事務室準備幫她們清貓砂，門簾一打開，我不敢相信眼前的景象——半包多的衛生紙在我眼前盛開得像一朵朵花瓣～這是怎麼回事？那一瞬間湧起的是驚疑，因為寶寶和弟弟從未出現過破壞行為，我第一個反應是：天啊！難道她們的品格要開始崩壞了嗎？接下來我開始苦思自己是不是做了什麼，才讓她們出現這種情緒反應？

一邊不斷反省，一邊開始收拾善後，然後我發現弟弟習慣尿尿的貓砂盆位置外面有尿液，這一大坨衛生紙的最底層有一些衛生紙吸滿了尿液，難不成是弟弟昨晚半夜摸黑上廁所，位置沒抓好，尿到外面了，她自己為了收拾善後，把放在貓砂盆旁的衛生紙拉出來擦尿，擦完以後發現還是有味道，所以又拉了一堆蓋在上面？

弟弟，妳這樣實在讓媽麻不知該誇妳聰明呢，還是要怪妳浪費一大堆的衛生紙？

貓咪的智商到底有多高？她們總是不斷讓我學習到——千萬別小覷她們啊！

第一印象並不能眼見為憑，要去觀察之後的真實狀況，這是我要時時提醒自己努力的事，謝謝弟弟，媽麻受教了！

SPECIAL APPENDIX

擇食雙貓的生活小劇場Ⅶ

PART 24

弟弟：

看看我這樣躺在床上是不是風情萬種的大美女啊？ㄎㄎ～

（但只要一不小心，她就會把自己……睡成一顆蛋！）

毛小孩的二三事

夏天的溫度一年比一年高，每到夏天中暑的人就很多，現在網路資訊發達，上面有很多教大家中暑後如何降溫的方法，但事實上，網路上的資訊未必都正確，往往有許多以訛傳訛的謬傳，其中以沖涼的方法最要不得，因為，身體在溫度過高的情況下，沖涼、泡冷水都會使毛細孔瞬間收縮，這樣一來身體裡的熱不但散不出來反而在會體內悶燒，對中暑或解熱都適得其反。

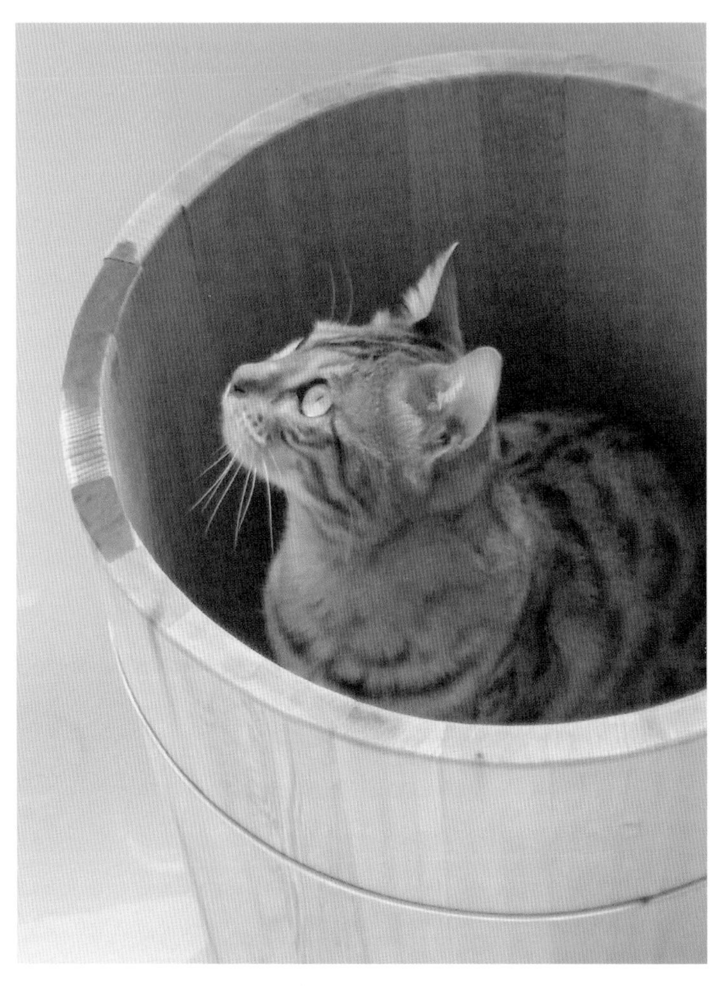

正確的方法應該是泡溫熱的水或用溫熱的濕毛巾擦身體，讓身體的毛孔張開，流汗散熱，並且要喝水補充水分，當然絕對不會是喝冰水，我們可以用運動飲料加溫開水來補充水分，然後待在陰涼處休息，保持通風的環境，但不能用電扇或冷氣對著身體吹，道理就跟不能泡冷水一樣。

毛小孩跟人一樣，夏天如果溫度過高，也會中暑，所以如果在路上看到流浪貓、狗吐著舌頭喘氣，請在附近便利商店買瓶常溫的水給他們，再用關東煮的紙碗或紙杯盛水給他們喝，拜託了，我在這裡先替流浪的毛小孩們感謝你 ！

我們家寶寶跟弟弟，每到夏天就會變成路倒寶和路倒 Di，因為地板涼，用肚子貼著地板隨時可以降溫。

眼看夏天就要到了，不論是消暑或驅蚊都要為毛小孩著想，我之前在網路上有看到一篇文章，在這裡跟大家分享：

「這兩週照顧一位兩歲肝衰竭的毛孩子，其實一開始我壓力非常大，因為牠很年輕，又不是先天肝功能異常，血液看到的都是中毒反應！

原來，牠家裡長期都有使用插電式的驅蚊器，一開始家人以為牠不喜歡吹冷氣，因為只要把房門關上，冷氣打開牠就會想離開房間，但如果房門是開啟的牠便會在房間，其實是因為房門關上那味道無法散去會使牠不舒服。

貓是很龜毛的生物，很多「天然」用品其實對牠都有毒性，包括：樟腦、除蟲菊、柑橘精油、香茅……等等，肝臟是無聲器官，當我們使用很多這類產品，其實對牠們來說等於是慢性中毒，所以蚊香、殺蟲劑、插電式驅蚊器、精油等都盡量避免使用，最好用勤於打掃的方式維持環境清潔，安裝紗窗讓蚊蟲減少，才是根本之道。」

另外，有種植物的家庭，也要注意毛小孩可能會去「攻擊」植物，有的時候不見得是吃，可能是啃咬拍玩，總之就是「蹂躪」植物，但有些植物對貓咪來説是危險的，如果誤食甚至會中毒或是死亡，比如聖誕節最應景的聖誕紅、過年期間常買的萬年青（黃金葛），這些都是常見但危險的植物，屬神經性毒，中毒後會有不斷流口水、四肢不協調的症狀，如果家裡有這兩種植物，最好放在室外，並且確保貓咪不會接近那盆致命的植物！

為了避免貓咪因為誤食而中毒或死亡，我也上網查了一些對貓咪危險的植物，很多都是沒看書根本不知道貓咪不能吃的，我想，凡事小心一點，家中的貓咪就可以陪伴我們久一點！

對貓咪來説會有危險的植物：

1. **多數百合科植物的球根**：如孤挺花、喇叭水仙花、蕃紅花、鈴蘭、鬱金香等。
2. **觀賞用灌木**：瑞香、黃洋、夾竹桃等。
3. **茄子科**：番茄、茄子、馬鈴薯、酸漿的綠色部分及嫩芽。

4. 刺激腸胃的植物：如聖誕紅、槲寄生、蘆薈、杜鵑花、鬱金香的球莖、喇叭水仙、鳶尾花、孤挺花等。

5. 可能會造成心臟停止運作的植物：觀音衫鹼、英國紫杉、日本紫杉、毛地黃、夾竹桃、玲蘭。

6. 腎毒性植物：百合花類、金針花、甜菜等，容易造成腎衰竭。

7. 毒蛋白素與植物毒類：蓖麻子、雞母珠、洋槐，這些毒素會破壞蛋白質，並且可能會造成紅血球凝集的現象。

8. 具有神經毒性的植物：茄鹼、龍葵、珊瑚櫻。

9. 接觸性刺激的植物：蕁麻、凌霄花等。

這些植物都是文獻中記載會對貓咪造成嚴重問題的植物，千萬不要讓貓咪碰觸甚至食用這些植物，如果不小心誤食了，一定要趕快送醫，千萬不能心存僥倖。

除了危險植物之外，也要特別注意農藥與肥料，比如剛買回來的盆栽，植物本身並沒有危險，但可能出售前剛撒過藥，或是土壤剛施過肥，貓咪有時候會去翻土來玩，但農藥和肥料裡的有機磷會造成寵物急性腎衰竭，要盡量避免貓咪接近。

領養代替購買

雖然寶寶和弟弟都不是從小貓就領養，但是我們彼此之間的愛卻沒有因此被影響，真的想呼籲一下，希望想要養貓的好心人都能以領養代替購買，讓你的愛成為他們的家！

目前可以領養浪浪的機構很多，中華民國保護動物協會、臺北市支持流浪貓絕育計劃協會、臺北市流浪貓保護協會等機構的官網上都有待認養貓咪的資訊，不但收容浪貓，幫助街貓結紮，也幫助浪貓找愛心家庭認養。

另外，中華民國保護動物協會為了讓收容所內的流浪動物得到舒適安定的生活，又考量送養不易，也提供「您領我養」長期助養計畫，滿足想要飼養動物，卻因時間、空間或家人因素無法飼養的族群，可以每月 600 元／隻的金額認養協會動物，亦可讓收容所擁有足夠的經費投入在飼料、醫療、照護上，讓流浪動物們得到更完善的照顧，並固定開放認養人的探訪時間，牽緊認養人和流浪動物之間的情感，讓他們更親人。透過這樣的機制，讓每位想付出愛心的人能夠飼養流浪動物，卻又沒有因為飼養而衍生的問題與煩惱，是現代人想要認養流浪動物的另一種管道。

這邊提供大家一些各協會貓咪認養的資訊，我們一起來當貓爸貓媽吧！

中華民國保護動物協會
http://apatw.org/

臺北市支持流浪貓絕育計劃協會
http://www.tnrtw.org/

臺北市流浪貓保護協會
http://mypet-club.com/phpBB3/index.php

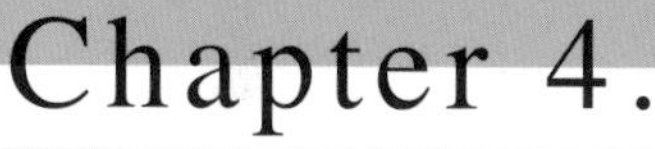

Chapter 4.

緣份就在門外

緣分真的是很奇妙的事情啊～

這個奇妙的緣分緣起於某個週六，那天是我的新書《瘦孕聖經》的簽書會，結束後跟朋友簡單吃了晚餐就回山上，在家樓下遇見了這隻浪浪，初次見面就給我大方的翻肚袒裎相見，翻完肚又在腳邊磨蹭，被她蹭得心都化了，趕快飛奔上樓，想裝一點貓乾糧和清水來跟她交個朋友。

在山上住了這麼久，從來沒有看過像她這麼親近人的貓咪，是新來的嗎？還是在這裡流浪已久？其實我真的很少出門，要遇見別貓的機率還真的不高，但相逢就是有緣，於是我跟她說：「咪～妳等我一下，我去拿點乾乾和水招待妳喔！」

沒想到，她不但很快地就把乾糧狼吞虎嚥完，還立刻翻肚打滾謝恩！

感謝山居歲月的最後，有了愛滋貓咪咪的加入。

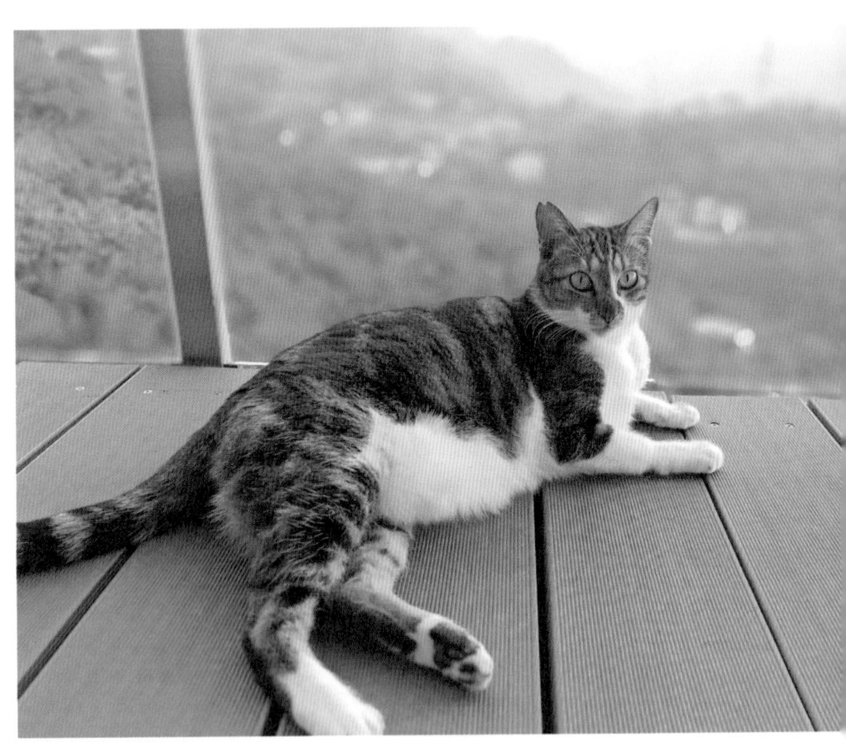

追著我拿的餅乾一路追到我家樓上的咪咪。

吃完愛心晚餐後，看見我拿出繩狀的物品，曾經有瞬間的退縮和遲疑，但她很快感受到我沒有惡意，也擋不住天性中對移動羽毛物品的狩獵本能，開始追逐玩了起來，這會不會是她浪貓生涯中第一次與人的互動遊戲呢？

第二天到了同樣的時間，我心想：不知她還會不會在樓下？會不會昨天只是她偶然路過而已？沒想到當我裝了乾糧和水下樓想碰碰運氣，她竟然端坐在階梯旁，看到我就親熱地咪咪叫著跑過來。

第三天，我剛下到二樓，聽到我的腳步聲她已經開心地迎上來；第四天同樣時間，我端著乾乾拌著罐罐打算給她加菜，才要回身關上家門，竟然聽到她的叫聲，原來她竟找到我家，端坐在我家門口安靜的等待著，一直到看見我端碗出門才開口叫我，那一刻，我的心溶化了⋯⋯。

原本只是想每晚固定時間為她準備一頓晚餐，她來也好、不來也罷，我盡心、她隨意，沒想到她竟然能在這棟樓中，準確地找到我家在哪裡。

就這樣，我開始把她放在心上後，每天期待著晚上8點前一刻，陪她吃晚餐，陪她玩遊戲，開始放心不下她的未來。家裡已經有了寶寶和弟弟，實在沒有空間再給第三隻貓咪，幸好家人看到她既親人又愛撒嬌，想給她一個家，考慮把她帶回去跟家裡的貓咪作伴。

就在這時候，我發現山上竟然有人不用牽繩遛大狗，擔心了一晚，從來沒有誘捕經驗的我，異想天開地用了一碗貓食輕易就將她誘回工作室，緊急聯絡朋友借來隔離籠準備將她收編讓家人收養，這一切都那麼的順利，她那麼乖的配合讓我輕易就把她誘捕回家，這件事讓我既鬆了口氣又頭皮發麻——萬一我是壞人呢？萬一我想傷害她呢？

不～我跟自己說，我絕不能讓她再回到街上去討生活。但是我跟家人又有了新的擔憂，萬一檢查的結

果她有貓愛滋，那為了家裡沒有愛滋的貓，我們就無法收養她了！

朋友們安慰我說，不會的不會的，是她自己找上妳的，她那麼想成為妳的家人，一定不會的！

找了一天帶她去健檢、除蚤、驅蟲，等待檢驗報告的時候我的心高高吊著，報告結果出來了，醫生臉色凝重地告訴我，除了牙周炎和口腔炎以外，她很健康，但是……她有貓愛滋！

在那瞬間我眼眶紅了，她已經有了那麼熱切等待領養她的媽媽、小姐姐、阿嬤，幸福就在不遠的未來，可如今醫生確認了她是愛滋貓，她的未來還會幸福嗎？

帶她回家的路上我不停的想著，無法把這麼親人的貓咪再放回街頭流浪，我決定先把她養在工作室，這樣我可以隨時照顧她，但是兩年後房東可能會把工作室的房子賣掉，那時候我要把她安置在哪裡呢？

但至少我有兩年的時間，我會把她照顧得很健康，醫生說愛滋貓只要營養均衡、免疫力好，也有可能終生不發病，至少這兩年裡，我可以盡全力愛護她，不讓她回到充滿危險的街頭。

也或許，這兩年中會有只想養一隻貓的朋友願意收養她，開啟她另一段的幸福貓生。

於是，我跟愛滋貓咪咪的故事，就正式從今天開始……

在我家怡然自得的漂亮咪咪。

從良的浪浪
也渴望外面的風景

對於一隻曾經稱霸我們這條路的「浪浪」來說，雖然咪咪自己選擇了跟隨媽麻自願從良，可是骨子裡愛好自由的天性，時不時地就會在媽麻太晚上來餵飯，或因為出門辦事回家晚了、累了沒有上來陪她，就做出那種「我不跟妳混了！我要離家出走！」的態勢，我心想：妳娘也不是吃素的，妳想滾，我就幫妳買件外出服來帶妳出去滾！

媽麻～出門巡視的時間又到了，趕快，我們去看看我的地盤還在不在！

接下來幾天，每天下午都帶她下樓，陪她在樓梯間走走停停，小傢伙看起來很開心，每天時間到了就坐在門口等著下樓散步，雖然我們最遠也只是下了6層樓梯，跑到樓下鄰居阿姨家去串門子或是在一樓樓梯口看看外面的車子，但是咪咪看起來已經很滿足了，只是苦了為娘的要抱著將近6公斤的她爬6層樓梯回家。

原來，有些貓是需要遛的呀！

我的暖爐貓

我家也有折耳暖爐貓！

每次看到冬天時別人家腿上有隻暖爐貓，總是羨慕又心癢，我也好想要一隻暖爐貓喔！偏偏寶寶和弟弟都是不喜歡被抱的個性，既然不能勉強，我也只能在心中默默的遺憾。

但是今年冬天這個願望得到大滿足，因為去年夏天收養的愛滋貓咪咪，僅僅半年的時間就在冬天變成頭好壯壯的暖爐貓，只要媽麻上來樓上陪她，不到 10

分鐘一定跳到腿上，一邊幫媽麻暖腿，一邊幸福地呼嚕，這也是另一種「貓的報恩」吧？

很多人問我不怕愛滋貓活不久嗎？其實就因為有許多人誤會愛滋貓，怕會傳染給人，也怕他們的壽命短暫，所以我問過醫生，才知道，原來愛滋貓是不會傳染給人類的，而且只要營養均衡，還是可以很健康地陪我們很久。

給愛滋貓一個被領養的機會，你會得到牠回報的滿滿的愛喔！

CHAPTER 4

—咪咪小檔案—

姓名	邱咪咪
小名	邱小乖、粉粿
性別	女
品種	米克斯
年齡	7歲
體重	6公斤
領養時間	2016年8月底

送養原因
自己找上媽麻求收養。

個性
外表凶悍實則膽小，喜歡陽光、喜歡吹風、喜歡碎碎唸，超級親人但極度不親貓，最愛黏在媽麻身上，但因為有貓愛滋又不斷被弟弟欺負，所以擁有自己的房間，每天在專屬陽台上看風景、吹吹風、曬太陽，期待媽麻的出現！

serial numbers_CAT1E01U03

SPECIAL APPENDIX

愛滋咪咪的生活小劇場

PART 1

天氣很冷很冷的時候，媽麻的懷裡是最溫暖的地方。以前在街頭流浪的時候是怎麼度過寒冬的？因為媽麻的懷抱太溫暖，我已經忘記了。

PART 2

咪咪：

放棄流浪的自由，選擇當媽麻的女兒，對於享受被呵護的幸福，咪咪還在學習，有時候躲在媽麻找不到的地方，看媽麻為我著急的樣子，對我來說也是一種幸福。

這是專屬於貓的任性，媽麻對不起，我愛妳。

PART 3

曾經有人說過，要當三輩子和尚撞三世的鐘，才能修得一世當貓。那像咪咪這樣當了好幾年的流浪貓又有貓愛滋，是撞了幾世的鐘才來當媽媽的女兒呀？

媽麻我們下輩子一起去撞鐘好嗎？然後我還想跟妳一起當喵喵～

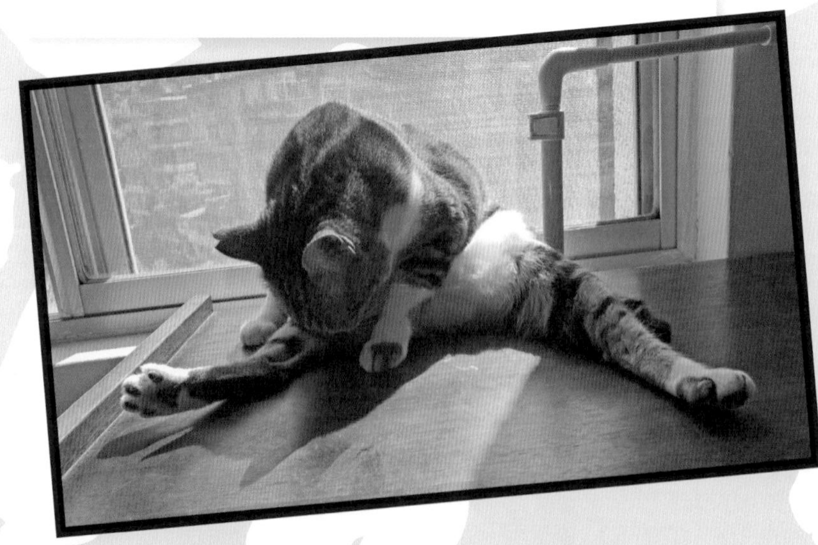

PART

4

咪咪：

太陽好好、風暖暖，我在自己專屬的觀景小陽台曬太陽，我看到連隔壁家的貓咪都出來散步了！

今天有媽麻陪我一起曬太陽，咪咪開心地翻肚了～

媽麻：終於有一個女兒願意乖乖讓媽麻打扮了！試穿新衣三分鐘，讓媽麻拍完照就脫掉喔～

咪咪：切，看在妳平常對我很好的分上，我忍耐、我忍耐……

媽麻：咪咪不要再瞪媽麻了！

咪咪：因為妳給我穿的是「夏目友人帳」裡面的「貓先生」，我才勉強讓妳穿的喔！

咪咪：站在這裡，讓鹽燈替我打光、給我滿滿的能量。

咦？寶寶和弟弟好像要過來我這邊了！！

鹽燈鹽燈請答應我三個願望～

1. 媽麻永遠愛我。

2. 我們一家永遠健康。

3. 寶寶和弟弟永遠不要找我玩，我只想要自閉！

PART 7

咪咪：

你看不見我、看不見我、看不見我～

這是我隱身的地方，我只喜歡跟人玩，不喜歡跟貓玩，只要寶寶或弟弟接近我，我就會開始唸隱形咒語：你看不見我、看不見我、看不見我～

SPECIAL APPENDIX

咪咪：

我的窗外有藍天～哎呀！此情此景真是讓我太感動了，能有這樣的生活，自由自在的看著藍天，不需要害怕隨時有危險的事發生，天哪！我真是太幸福了。

PART

9

咪咪：

你在看我嗎？你可以再靠近一點。

怎麼樣？我看起來很年輕吧！因為我媽麻都給我吃新鮮的燙肉片，所以我看起來像美眉～

SPECIAL APPENDIX

PART

10

媽麻：Om……Om……Om……

咪咪：哎呀，我明明不喜歡抱，為什麼媽麻一直嗡～嗡～嗡，我就會乖乖被抱啊？我好疑惑喔！

媽麻：這是梵文裡讓我們跟宇宙、生命產生共鳴的音啊！

咪咪：哇！那我好有靈性是嘛？聽媽麻發這個音我就覺得好平靜喔！但是媽麻，妳到底抱夠了沒啊？

PART 11

咪咪：媽麻說我好有靈性，嗯……我想這是因為每天的山居生活，我吸收了大自然的日月精華吧！

多吸吸～這樣我才能夠得道成仙。

從此我們是
四口之家

今年寶寶和弟弟繼續相親相愛、相愛相殺的打是情、罵是愛模式；家裡也正式新增加了一位新成員——愛滋咪咪，有了她的加入，我們正式成為四口之家。

而四口之家的日常，媽麻不但很忙碌，也很搶手——

三隻貓平常的互動就是玩耍（打架？），很少有和平相處的時候，平常咪咪是隔離的，因為弟弟的地域

性很強，他不接受咪咪，加上咪咪有愛滋，我也擔心她們打架打得太嚴重，所以咪咪有自己的房間和專屬的陽台，媽麻每天早上她睡醒的時候都會進去陪她，陪她在她的陽台看風景，給她摸一摸、嚕一嚕，然後跟她說媽麻要準備早餐了，她就自己在陽台上愜意地看風景。

出來客廳後，我會帶寶寶和弟弟在客廳的陽台，陪她們曬曬太陽、梳梳毛，餵弟弟吃貓薄荷，跟她們兩個也玩一玩，然後才開始準備早餐。

吃完早餐後，咪咪通常會開始撞房間的門，表示她也想要出來了，這時候弟弟和寶寶因為吃完早餐，開始想睡覺了，我就把房間門打開，讓咪咪從房間出來，直接來到客廳的陽台，在外面曬曬太陽，看看不同的風景，有時候我會出去陪她，如果我在房子裡也一定會隨時注意著她，看看寶寶和弟弟有沒有靠近她，她只要看著媽麻在屋裡做事就會很安心地在陽台玩。等她玩夠了，她就會坐在陽台門邊，這時候我就知道她想回房間了，便讓她回到自己的房間去。

下午的時候三隻貓通常都是各自在睡覺，等到吃完晚餐，咪咪又會想要跟媽麻在一起，這個時候我會把主臥室和她房間之間的門打開，讓她進來媽麻房間，我就在臥室陪她，因為她喜歡的是躺在媽麻身上、和媽麻待在一起，我就會坐在或躺在沙發上看書，她會來躺在我腿上，跟媽麻撒嬌，然後躺在我腿上或身邊睡 2、3 個小時，等到我覺得差不多了，就會跟她商量：「媽麻要睡覺囉，可不可以拜託妳回自己房間？」，她就會乖乖回自己房間去睡覺。

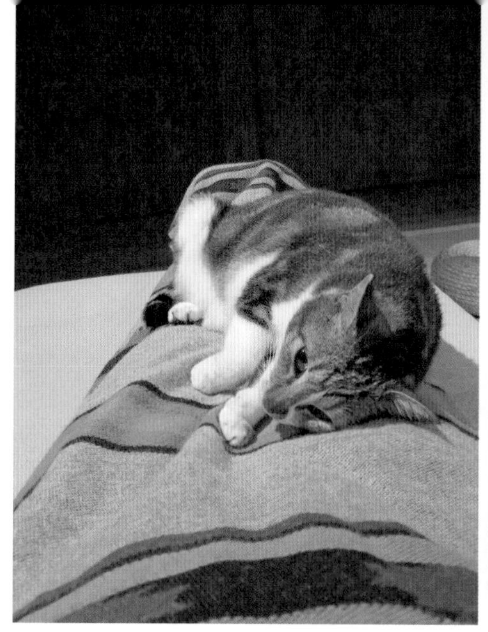

這時候我就把咪咪的房間門關上，把通往客廳的門打開，寶寶和弟弟就會知道媽麻準備要睡覺了，她們就會進來房間，自己跑到沙發上自己睡覺的地方，媽麻也會和她們玩一下，這就是我們的日常。

剛開始領養咪咪的時候，雖然咪咪有貓愛滋，但我曉得，只要不是激烈打架，而且有我看顧著，其實她還是可以和寶寶、弟弟共同生活的，因此有一段時間，我是讓咪咪出來外面和寶寶、弟弟共處一室的。

一開始她們只是遠距離地觀察對方，沒有明顯的攻擊行為，因為我有跟寶寶和弟弟說，媽麻想要讓咪咪出來，不然咪咪會好可憐，讓她們不可以欺負咪咪，雖然弟弟試探性地幾次想要欺負咪咪，都被我嚴厲制止，加上可能天氣很冷，她們都窩在暖爐邊睡覺，不太想動，所以那陣子她們是可以在同一個空間裡和平共處的，甚至晚上睡覺時還可以睡在同一張沙發上共享葉片式暖爐。

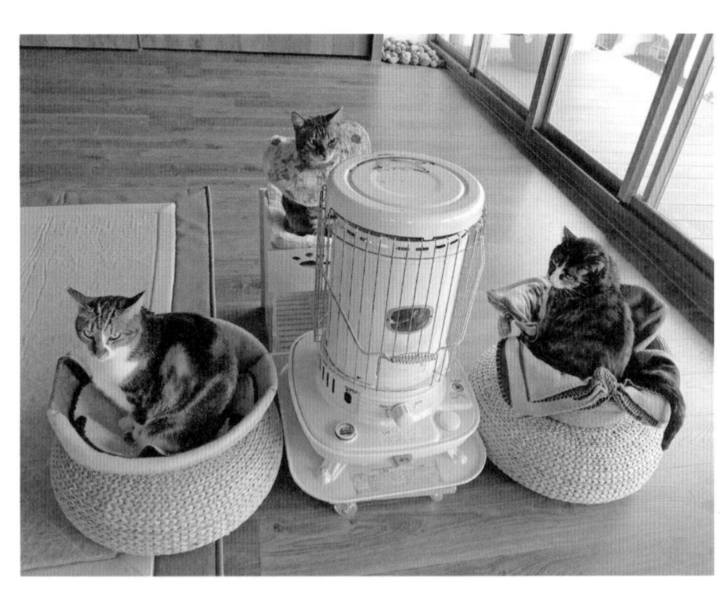

但是，貓咪所有的行為都不會是固定的，過了一陣子我理想中的和平就完全變調，寶寶會把咪咪追得滿屋子跑，連弟弟也加入欺負咪咪的行列，而且弟弟出現情緒性噴尿，寶寶情緒性舔毛的問題也愈來愈嚴重，我開始理解到，雖然媽麻很希望她們共同生活，但咪咪來分享寶寶和弟弟習慣的空間，讓她們情緒壓力很大，最後我只能把咪咪放回自己的房間，讓她們分開生活。

雖然她們是隔離的，咪咪擁有自己專屬的空間，但還是和我們在同一個平面空間生活，我想，只要媽麻不要心急，讓她慢慢和寶寶、弟弟熟悉彼此，一定可以相安無事地共同生活的！雖然目前看來，咪咪好像只喜歡人類，不太願意跟另外兩位姊妹一起玩，但沒有關係，就像每個人都有各自的性格一樣，咪咪這點其實正好很像媽麻喔，我們都喜歡耍自閉呢！

感謝愛滋咪咪來到我的生命，感謝寶寶和弟弟豐富我的生活，感謝《擇食》的書友們跟我一起共同成長，來年要比今年更健康喜樂喔～讓我們一起擁抱著愛也擁抱未來！

SPECIAL APPENDIX

擇食貓咪與媽咪的山居寫真

寶寶的時尚

為大家展示今夏最新配件～拉夫領（Ruff）甜甜圈。

戴著它，可以展現妳的
優雅和嫵媚。

它除了時尚，還有
實用性，睡覺時可
當頸枕用。

這拉夫領（Ruff）甜甜圈，以前可是貴族才能戴的！

戴上立刻氣質加分，而且還會走路有風呢！羨慕嗎？

啊！被發現了！嗚～其實是因為我情緒性舔毛，媽麻才給我戴那玩意兒的，討厭！被識破了，嗚～

忍者 DiDi 的逆襲

SPECIAL APPENDIX

我覺得我好像沒有當
忍者的慧根，唉……

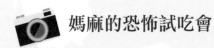

媽麻的恐怖試吃會

來～聞聞看，這個
很好吃喔！

寶寶：「阿娘喂～這什麼怪味道啊？
人類的口味真奇怪！快閃啊～」

SPECIAL APPENDIX

咪咪：「以我冷靜的頭腦，不用聞，光坐在這看就知道那不是我們貓類喜歡的東西。」

咪咪：「沒事快跑～跑得快沒事～」

抓耙子是種本能

寶寶：「咦？咪咪怎麼在那裡尿尿？媽麻媽麻，妳快看咪咪啦！」

媽麻：「咪咪！妳怎麼可以這樣！」

媽麻：「不可以在這邊尿尿，在這邊尿尿壞壞！」
咪咪：「哼！寶寶妳根本 2018 最佳抓耙子！」

寶寶：「相信我，我不是故意的，抓耙子是我的本能，我也不知道自己為什麼會醬啊！」

明察秋毫的媽麻

被媽麻罵完，我更想耍自閉了。書櫃真是躲貓貓的好地方啊！

咪咪：「媽麻來了，她剛剛不是在生我的氣嗎？」

媽麻：「媽麻知道是因為弟弟去尿妳的砂盆，所以妳才跑出去尿尿的，媽麻錯怪妳了，對不起喔！」

咪咪：「哇！媽麻真是明察秋毫，讓我沉冤得雪，我太感動了！」

擇食家族的日常

媽麻最喜歡跟寶寶
玩毛球棒棒了。

寶寶跟弟弟很有規矩地排著
隊跟媽麻玩。

我玩！我玩！
我玩玩玩！

一向「閉數」的咪咪躲在沙發一角偷看。

哇！連咪咪也忍不住
一起玩了呢！

SPECIAL APPENDIX

這四口之家的故事……
未完待續。

Chapter 5.

專家這樣說

關於貓咪的領養

專家介紹

十六姨作為貓中途已有 10 多年，是一位自己愛貓、養貓到餵養街貓、幫助貓做 TNR，救助傷病貓、接餵奶小貓，到中途貓、待產母貓、母帶子、貓咪送養，並且協助求救者處理安置貓咪、各種貓問題解答的浪貓達人。

網址： https://www.facebook.com/16yiJi
https://www.facebook.com/shi.l.yi.5

關於領養和飼養的 Q & A

Q：您一年大概會收養幾隻流浪貓？

A：我一年帶去 TNR 結紮的數量平均大概 120 隻，進入家裡的有平均 150 隻，通常可以送養 120 隻，另外有部分不適合送養的就原放，當然也會有夭折的生命，一切都是盡人事在做。

Q：當初在眾多想要領養豹貓寶寶的人之中，為何選擇邱錦伶？

A：因為豹貓寶寶腸胃非常不好，我看到邱錦伶寄給我的信，覺得她養貓的準備已經做得很好，再加上她是食療老師，我覺得可以幫助寶寶。

Q：您可以描述是如何救出寶寶的嗎？

A：我有個朋友，他有認識繁殖場的人，所以他知道每次被繁殖場淘汰的重症貓什麼時候會被送到安樂場，所以我們就去把寶寶接出來救助。

Q：您的經驗中，愛滋貓的比例多嗎？

A：100 隻裡面，大概有 1 到 2 隻，而且比較難送養，我真的希望大家知道，愛滋貓其實並不容易傳染給別的貓隻，只要不是打架到流血的地步，真的並不會傳染的。

Q：在您接觸過一般人領養流浪貓最容易碰到的問題是什麼？

A：以流浪貓來說不親人的，或是帶回來卻總是逃跑的，其實就不適合眷養，碰到這種一般人都會不知道該怎麼辦，如果不適合被養在家裡的，就最好原放，不要勉強。

Q：請您建議想要領養流浪貓的人需要做哪些準備？（居家環境和心理）

A：

1. 基本的就是居家防護，像紗窗紗門都要裝上安全扣，不然他們很容易發生意外。

2. 還有很重要的是要取得家人的認同，有些人可能單身的時候養貓，等到要嫁人了，因為公婆不喜歡等原因，不能繼續養貓，這對貓咪的傷害很大，所以取得家人認同非常重要。

3. 一定要花時間跟貓咪相處，才會彼此不孤單。

4. 剛迎接貓咪回家開始，就要準備好一個隱密的地方讓他做貓窩，因為貓是一種很需要隱私才會有安全感的動物，他需要一個隱密的地方窩藏。

而在心理準備上，最重要的就是要做好不離不棄的決心，就像我之前說的，不論你結婚或單身或與家人同住，都一定要做到對他負責到底的決心。

Q：貓咪剛到新環境時，哪些行為是飼主需要瞭解的？（譬如：貓咪為什麼會發出「哈」的聲音？貓咪全身豎直是什麼意思？摸的好好的，為何突然咬人？）

A：

哈氣：是貓的基本防禦本能，是他們警戒和保護自己的表現，所以剛接新貓到家裡的時候，建議一定要在隔離籠或單獨的房間裡約一週的時間，讓他慢慢對新環境感到信任和有安全感，等他稍微穩定後，可以偶爾放出來一下再隔離，一般大約2週後，他們就能完全適應環境，你就可以任意讓他自由自在的在家中走動了。

翻肚子：恭喜你，那就是他完全信任你了。

咬人：很多人會問我，為什麼跟他玩得好好的，他突然咬一口？其實那是因為在玩的過程中，他誤把你當成同伴，貓咪之間踢踢咬咬都是在玩的方式，有的時候也是因為玩的太興奮才會突然咬一口的。

拱背、豎毛、尾巴豎起來：這時候就是貓咪完全戒備和警告對方：我也是很強大的！所以別太靠近為妙。

愛滋貓不可怕

專家介紹

愛達司動物醫院蔡智堅醫師

認識愛滋貓

很多人都對愛滋貓有所誤解，認為有愛滋的貓咪也會傳染給人類，或者是很容易傳染給其他的貓咪。

事實上貓的愛滋傳染途徑是血液傳染，要經過互相攻擊打架打到有傷口，因為愛滋病毒是在牙齒上和血液裡，如果彼此只是小小頑皮的打鬧，不至於會造成彼此感染，當然有一派認為養愛滋貓最好是與其他沒有愛滋的貓分開養，如果要混養，只要主人小心觀察會不會彼此攻擊，小心一點也能夠防範感染問題。

因為愛滋病的潛伏期常很長，有的人也許養個 7、8 年後貓咪才發病，這種例子也是有的。

很多人一直有一種迷思，認為愛滋貓的壽命比較短，事實上不然。

如果要論愛滋貓最常見的疾病問題，就是口炎，因為愛滋病可能造成免疫系統失調，症狀會有牙齦紅紅腫腫的，吃東西可能會流口水，會痛，自己會打自己嘴巴，不吃飯等等，到這個時候當然會使生活品質變得很不好，這是常見的貓愛滋病併發症。口炎的控制其實就是保持口腔清潔，例如定期刷牙以及洗牙，若是出現上述等症狀則可以開始給予藥物治療例如抗生素甚至是類固醇，當口炎症狀無法用藥物控制時，就必須考慮全口拔牙減低牙齒對牙齦的刺激，未必就會造成他們生命的危險。

除了口炎，我們還需要注意貓咪的感冒問題，當然他們也比較容易感染寄生蟲，而由於免疫系統較差，所以容易感染兩種呼吸道病毒：一種是泡疹，另一種則是卡里西病毒，但是只要及時就診，通常都可以控制，除非貓咪本來就還有別的問題。最危險的，就是愛滋病病毒引發腫瘤，譬如說血癌或腸胃道淋巴癌，可是這個機率也很低，我目前負責腫瘤科疾病，很少碰到因為愛滋造成淋巴癌，多半都是不明原因或是基因突變造成。

照顧愛滋貓的飼主本身其實跟照顧一般貓幾乎是一樣的，唯一的差別是在於細心度，飼主需要比較細膩地觀察牠們是否出現一些臨床症狀，譬如吃飼料的速度變慢，食慾變差、打臉或是流口水，當察覺有這些症狀時需要立刻就診，才能更快的控制口炎，有些飼主可能等到貓都完全不吃飯了才就診，醫師檢查之後才發現是嚴重的口炎以及牙周問題。除此之外對於貓咪的照護方式跟一般貓咪幾乎沒有不同。

一般貓咪領養之後的迷思

領養第一天不要立刻打疫苗，因為疫苗的原理是將死掉的病毒打進身體裡，讓身體辨認出病毒進而產生抗體，萬一貓咪本身帶原了傳染病，而此時疾病還在潛伏期內醫師無法檢驗出來，一旦疫苗打進去身體後反而會使他們發病，因此我們通常會先建議飼主居家觀察 1 到 2 個星期，先在家裡觀察精神和食慾是否正常以及是否有其他臨床症狀發生，另外多花時間與他們相處、互相熟悉，降低貓咪的緊迫性，如此一來他的免疫力就不會因為緊迫而降低，這時候打疫苗是最安全和有效的。

驅蟲也是另一種迷思，很多飼主把貓帶來要求醫師開立綜合驅蟲藥，這時候我們都會問飼主是否有看到大便中有寄生蟲嗎？飼主往往理所當然的認為吃綜合驅蟲藥就對了，事實上貓的寄生蟲種類有非常多種，沒有任何一種單一的綜合驅蟲藥是吃了可以全部都預防，因此我們會要求把糞便帶來讓我們檢驗，這樣的情況下才能真的對症下藥，所以就診時除了帶貓咪之外最好能夠帶當天的大便一起來看診比較能準確驅蟲。

關於血液篩檢貓咪白血病以及愛滋病的時間點最好要貓咪年齡有六個月以上做才會準，因為太早檢驗會因為母體以及疫苗抗體，加上病毒血症出現的時間點等因素影響，可能導致檢驗結果不可信。因此建議第一次的血液檢查時間是超過六個月齡，抽血檢查內臟功能，並且驗貓白血、愛滋病等。

關於貓咪吃生食這部分具有很大的爭議，目前生食是全球的熱門趨勢，支持派認為貓咪應該要吃生食的基礎是貓咪吃生肉對腸胃道、皮膚比較好，但經過國外獸醫營養學研究後發現，上述的理論是沒有任何幫助的，同時營養學家做了調查，發現市面上的生肉有一半以上都有細菌汙染，其中常見的細菌是沙門氏菌，是造成食物中毒的主要菌種。我們臨床上確實碰過因為吃生肉而嚴重腸胃症狀以及血痢、甚至有因此死亡的貓咪，雖然飼主大多都很確實地將肉做好保鮮處理，但是訂購或購買的生肉在運送的過程中，溫度是否能保持在適當的低溫中，還是有疑慮和風險的，所以我們強烈建議不要讓貓咪生食。

其實，
你可以對他們更友善

專家介紹

臺北市支持流浪貓絕育計劃協會

走進社團法人臺北市支持流浪貓絕育計劃協會的安置中心，親人的貓咪立刻就挨了上來想要你抱抱，比較害羞的則是遠遠地睜著一雙大眼睛看著你，這裡

的貓咪，不管健康或殘疾、不管等待認養或終生留置，他們共同的特徵，都是來自街上、無家可歸的浪浪。走或留，雖然還是未知數，但在這裡，他們被志工們照顧得很好，可能是終於有個能夠盡情享受疼愛的家，每一隻身上都有種友善又可愛的氣定神閒氣息。

無論如何努力，人類能夠救援的流浪貓數量仍然十分有限，因此，為了減緩台北市街貓繁殖的數量，改善街道環境、公共衛生、街貓發情期間噪音等問題，台灣動物協會開始在台灣各地推廣進行 TNR 計畫，並在台北市各里區域積極推動。

所謂的TNR，T=Trap，街貓誘補；N=Neuter，結紮、絕育；R=Return，回置；盡可能地捕捉流浪貓並且結紮後，剪去耳朵的一角做記號，公貓剪左耳、母貓剪右耳，再放回原來居住的所在地，由當地餵養人士或愛心照顧者繼續提供食物及照護；部分還來得及馴養的小貓或是比較親人的成貓，則考慮先不回置而是安置在協會中，幫他們找尋合適的認養家庭。

經過實驗證實，傳統捕捉撲殺移除的方式，無法全數捕捉流浪貓，反倒會引發高死亡率與高出生率的循環，不但極不人道，對於叫春、打架及跳蚤等社區生活品質低落的幫助其實並不大，而 TNR 則是先計算出環境負載量後，確保該區每隻流浪貓都失去繁殖能力但健康存活，是唯一能夠有效控制流浪貓數量，保持社區與貓咪的互動，並維持社區品質的方法，也可以說是最人道的處理方法。

而執行成功的 TNR 社區，不但可以量化計算地大幅降低打架、叫春與跳蚤問題，人與貓和諧共存，最重要的是可以避免因缺乏貓而衍生的鼠害與蟲害，建立較自然的生物控管關係。

TNR 的執行方式

社區 TNR 的執行以社區住戶聯合義工成效最佳，串聯社區力量的主要因素在確保浪浪的食物來源受到控制，掌握社區衛生與鄰里關係，進而提升誘補效率。由於捕捉前需盡量禁食，以確保就餌，負責捕捉的義工與社區餵養人聯繫後，選擇適當日期進場捕捉，然後送往動物醫院進行絕育手術，並施打疫苗與蚤藥，為社區生活品質及公共衛生多設一條防線，經過休養恢復之後，再將浪浪放回原生區域，以確保社區動物絕育比例夠高，足以控制總數量不再上升。

建立正確的餵養方式

餵食並不犯法，但是不當的餵食卻可能連帶導致流浪貓受到迫害。

1. 切勿在別人的店門口、住家、庭院、車庫、車流量多的地方餵食流浪動物。善意的餵食是不能造成別人的負擔，不適合的餵養點很容易讓流浪貓處在危險環境之中。

2. 看到貓咪再進行餵食，等牠們吃飽後，請將剩餘的飼料清理乾淨帶走。

3. 未見貓咪出現，請勿將飼料遺留在該地。

4. 盡量固定同一個時段餵養，以避免流浪貓為了護食而在該處徘迴不去。

5. 若有超過一人以上的餵養人，請協調將餵養時間固定在一天的某個時段。

6. 通報人或餵養人要確定貓咪數量及餵食時間點，至少需要固定觀察一週以上。

TNR 執行前置作業的重要性

正確掌握貓咪出現的區域和餵食時間，才能有效誘補貓咪，所以通報前最好找到貓咪的愛心餵食者，而且要小心不要誤抓家貓及幼貓。執行 TNR 區塊需在最短的時間內將所有的浪貓都捕捉方能有效地降低數量，如果前置作業不夠徹底，執行 TNR 的時間會拉長，耗損志工的時間跟體力，外來的貓隻也會攻擊已結紮的原生貓口，貓的警覺性會越來越強，導致剩下的貓隻非常難捕捉。

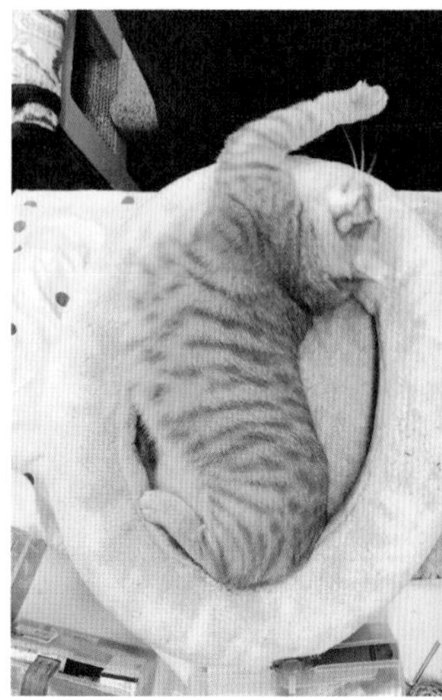

友善街貓 Q & A

Q：**發現有人棄養貓咪，怎麼辦？**

A：棄養貓咪的行為已涉及違反動物保護法規定，請市民協助拍攝紀錄棄養過程證據，包含人、事、時、地、物，以及車牌等資料，並通報動保處動物救援專線（02-8791-3064~5）派員查處，有效扼阻，及時拯救無辜貓咪。

Q：發現街貓跑進住家或停車場，怎麼辦？

A：街貓本於野外求生的生能，常找尋安全地點躲避危險或寒冷，偶爾會誤闖入住家或停車場，甚至躲在汽車底部或引擎蓋內，請謹記「勿拍打、勿發動、掀引擎、搬救兵」四步驟，盡快通報動保處或當地餵養人以進行救援，請不要惡意驅趕或傷害他們，你的友善，將是他們的生存保障。

Q：發現住家附近有剛出生的小貓，應該怎麼處理？

A：剛出生的小貓通常都有母貓照顧著，所以可以先觀察是否母貓只是暫時離開去覓食，千萬不要冒然觸碰小貓或移動牠們，這些動作可能會影響牠們的安全、或害牠們被母貓拋棄，若是真的等不到母貓，再進行通報，愛護生命，就是提供他們暫時的生活空間。等小貓離乳之後，可通報動保處或協會，以誘補籠捕捉母貓並為她絕育及回置。

acer

Q：最近常聽到街貓打架或叫春影響安寧，怎麼辦？

A：街貓絕育後就不會再發情，且會減少叫春及打架情形，如果發現社區有街貓騷動的情況，可將發生時間、地點或持續天數告知動保處或協會，請志工協助捕捉。

另外，街貓亦有可能因受困或受傷發出求救聲，如有待救援貓隻亦可通報動保處或協會，你的友善可能足以救他們一命！街貓照護與數量控制需要民眾同心協力完成，希望大家一起幫助街貓完成節育，人貓從此和平共處。

Q：住家附近有街貓，擔心家人或小孩被跳蚤叮咬，怎麼辦？

A：實施街貓絕育的區域，皆在回置前已除蚤，並請當地餵養人補強固定除蚤，所以不用擔心有街貓跳蚤滋生或被叮咬的問題。

Q：發現領養的貓是愛滋貓，怎麼辦？

A：大多數人對愛滋貓都有迷思，其實貓愛滋是不會傳染給人類的喔！貓愛滋是由貓免疫缺乏病毒（feline immunodeficiency virus, FIV）引起，只會透過血液接觸傳染，感染後會有非常長的空窗期；發病時，病毒會抑制免疫系統，患者常因細菌、感冒、寄生蟲等二次性感染而死亡。

社團法人臺北市支持流浪貓絕育計劃協會的甘小姐表示，目前協會裡安置大約有 10 幾隻愛滋貓，若給愛滋貓良好的照顧與環境，維持飽暖，不感冒、不受傷，也就是保持好的免疫功能，多半可以終身不發病。如果家裡有其他的動物，一般的接觸如共用食碗、共用貓砂盆、互相理毛甚至交配，都是難以傳染的，除非激烈打架造成受傷或輸血，才有可能感染，因此只要稍加小心，就能避免，希望大家對貓愛滋有更多的了解，容許這樣小小的不完美，給牠們一個被愛的機會。

SPECIAL APPENDIX

領養代替購買，你的愛就是他們的家！

請給浪浪喵跟愛滋喵一個機會，讓我們跟你回家，並且擁有你的愛！

你的家，是他們唯一認得的地方，請讓他們當你的鄰居，支持流浪貓 TNR 計劃，或是大方敞開你的心房和家門，讓他們跟你回家，當你的家人！

有關餵養街貓、街貓絕育、爭取浪貓生存權、街貓領養等資訊，都可以在「社團法人臺北市支持流浪貓絕育計劃協會」（http://www.tnrtw.org/）網站上查詢，如果想要領養浪浪貓，也可以跟協會聯絡，到協會的收容中心探望等待領養的浪浪們，如果目前還無法領養，卻想幫助浪貓，也有助罐計畫和助紮計畫可以捐款做愛心，有力出力、有錢出錢，你的愛就是他們的家！

TNR 計畫協會

認養相本

助罐計畫

助紮計畫

玩藝 0067

我的愛就是妳們的家

我的愛就是妳們的家 / 邱錦伶著 . -- 初版 .
-- 臺北市 : 時報文化 , 2018.05
面 ; 公分 . -- (玩藝 ; 67)
ISBN 978-957-13-7393-5(平裝)

1. 貓 2. 寵物飼養 3. 文集

437.3607 107005677

作者 邱錦伶
封面設計 季曉彤
內頁設計 季曉彤
攝影 李溫寧
責任編輯 周湘琦
協力編輯 施穎芳
責任企劃 汪婷婷

總編輯 周湘琦
發行人 趙政岷
出版者 時報文化出版企業股份有限公司
10803 台北市和平西路三段二四〇號二樓
發行專線 （02）2306-6842
讀者服務專線 0800-231-705、（02）2304-7103
讀者服務傳真 （02）2304-6858
郵撥 1934-4724 時報文化出版公司
信箱 台北郵政 79 ～ 99 信箱
時報悅讀網 http://www.readingtimes.com.tw
電子郵件信箱 books@readingtimes.com.tw
時報出版風格線臉書 https://www.facebook.com/bookstyle2014
法律顧問 理律法律事務所 陳長文律師、李念祖律師
印刷 詠豐印刷股份有限公司
初版一刷 2018 年 5 月 5 日
定價 新台幣 450 元
ISBN 978-957-13-7393-5

時報文化出版公司成立於一九七五年，並於一九九九年股票上櫃公開發行，於二〇〇八年脫離中時集團非屬旺中，以「尊重智慧與創意的文化事業」為信念。

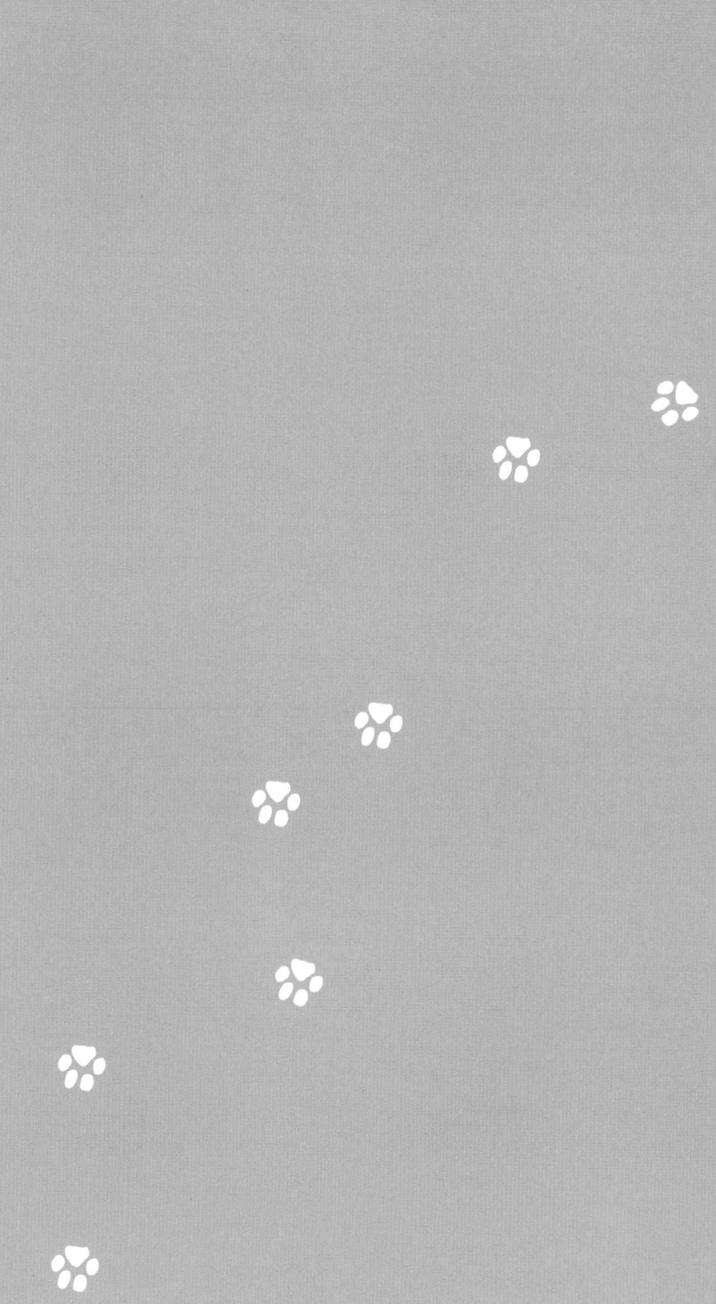